努力到**无能为力**，
拼搏到**感动自己**

张跃峰

编著

南海出版公司

2019·海口

图书在版编目（CIP）数据

努力到无能为力，拼搏到感动自己／张跃峰编著
. -- 海口：南海出版公司，2019.12（2021.4重印）
　ISBN 978－7－5442－7365－7

　Ⅰ.①努… Ⅱ.①张… Ⅲ.①成功心理－通俗读物
Ⅳ.①B848.4－49

　中国版本图书馆 CIP 数据核字（2019）第 085331 号

NULI DAO WUNENGWEILI, PINBO DAO GANDONG ZIJI
努力到无能为力，拼搏到感动自己

编　　著	张跃峰
责任编辑	李凤君
美术设计	松雪图文
出版发行	南海出版公司　电话：（0898）66568511（出版）　（0898）65350227（发行）
社　　址	海南省海口市海秀中路 51 号星华大厦五楼　邮编：570206
电子邮箱	nhpublishing@163.com
经　　销	新华书店
印　　刷	三河市众誉天成印务有限公司
开　　本	880 毫米×1270 毫米　1/32
印　　张	5
字　　数	110 千
版　　次	2019 年 12 月第 1 版　2021 年 4 月第 4 次印刷
书　　号	ISBN 978－7－5442－7365－7
定　　价	36.00 元

南海版图书　版权所有　盗版必究

生活中有这样一种人，面对别人的成功时，他们总是感慨对方幸运，得到了上天的眷顾，而自己呢？一辈子倒霉，上学时没有赶上好老师，工作时没有遇到正直的老板，自己开公司时又遇上金融海啸……

其实，世界上没有真正幸运的人，那些成功的人之所以成功，是因为他们能够像树木一样积极向上，像蟑螂一样顽强不屈，像苏格拉底一样渴望成功。

像树木一样积极向上：尽管树木在生长的过程中会倾斜，甚至会面对狂风暴雨的摧残，但它始终是努力向上的。不颓废，不抱怨，不放弃，不妥协，心中充满了正能量，始终努力向上，这种境界令人钦佩，值得学习。

像蟑螂一样顽强不屈：3.2亿年来蟑螂的外貌并没什么大的变化，但生命力和适应力却越来越强，繁衍到今天，已经遍布世界各个角落。一只蟑螂即使被摘掉头也可以存活9天，9天后死亡的原因是过度饥饿。曾经有生物学家下了一个定论：如果有一天地球上发生了核子大战,在影响区域内的所有生物包括人类和动物甚至鱼类等都会消失殆尽,只有蟑螂会继续它们的生活。

像苏格拉底一样渴望成功:一个年轻人曾经求教古希腊大哲学家苏格拉底:成功的秘诀是什么? 苏格拉底要这个年轻人第二天去河边见他。 第二天,他们见面了。 苏格拉底让这个年轻人陪他一起向河水里走去。 当河水淹到他们的脖子时,他趁年轻人不注意猛然把他按入水中,直到年轻人两眼翻白,面色发青,苏格拉底才把他拉出水面,问他刚才在水里最渴望什么? 空气呀! 苏格拉底说那就对了,你如果像渴望空气一样渴望成功,那么成功离你就不远了!

为了人生的目标,我们必须努力向前走,努力的过程很痛苦。 但是,只要你有执着的信念,一直坚持就能成功。只要我们养成了努力的习惯,胜利就在我们不远处。 我们要勤奋、要坚持,这样我们才会胜利。

2019 年 4 月

PART 01　你必须很努力，才能看起来毫不费力

你只需努力，剩下的交给时光　　　　　　002
把工作当作幸福和快乐的源泉　　　　　　005
当你竭尽全力，命运自会主持公道　　　　008
谁都知道要努力，但真正努力的人少之又少　012
你必须很努力，才能看起来毫不费力　　　014
青春的使命不是"竞争"，而是"成长"　　017
遇到再大的风浪，我们也要远航　　　　　020

PART 02　起点低不要紧，肯努力就有地位

先有一个梦想，然后经营梦想　　　　　　024
停下匆匆赶路的脚步，倾听内心的声音　　027
人生有主见，青春不迷茫　　　　　　　　031
起点低不要紧，有想法就有地位　　　　　034
踩着别人的脚印，永远找不到自己的方向　037
清楚自己想要什么　　　　　　　　　　　040
活出自己的样子　　　　　　　　　　　　043
找准自己的位置　　　　　　　　　　　　046

PART 03　在最深的绝望里，遇见最美丽的风景

善于等待的人，一切都会及时到来	050
人这一辈子总有一个时期需要卧薪尝胆	053
不眼红别人的辉煌，心中只装着自己的目标	058
乐观的人看到希望，悲观的人只看到绝望	061
在最深的绝望里，遇见最美丽的风景	063
信念是溺水时的救生圈，只要不松手，希望就在	065
有个好心态，才会有个好人生	067

PART 04　勇气在哪里，生命就在哪里

勇谋大事而失败，强如不谋一事而成功	070
负重的生命如夏花灿烂	073
微小的勇气能赢得巨大的成功	076
胆识是决战人生的利器	080
狭路相逢勇者胜	083
理性的勇敢才是最值得称道的勇敢	086
勇气在哪里，生命就在哪里	089

PART 05　机遇没有彩排，只能直播

果断出手，莫对机会"欲说还休"	092
机会女神只青睐那些有准备的头脑	095
挑战自我，多给自己一次机会	098
机遇没有彩排，只有直播	101
躺着思想，不如站起来行动	104
吃得苦中苦，方为人上人	107
敢于冒险的人生有无限可能	109

PART 06　狠下心，把自己逼上巅峰

咬咬牙，人生没有过不去的坎儿	112
狠下心，绝不为自己找借口	116
不经历风雨，怎能见彩虹	119
从现在起，感谢折磨你的人	122
多一份磨砺，多一份强大	125
PMA黄金定律：能飞多高，由自己决定	128
把自己逼上巅峰	132

PART 07　不舍弃黑暗，你就看不到阳光

聪明的人懂得适时放手　　　　　　　　136
今天的放弃，是为了明天的得到　　　　139
与其抱残守缺，不如断然放弃　　　　　141
错过花朵，你也许将收获浪漫　　　　　144
勇于选择，果断放弃　　　　　　　　　146
不舍弃鲜花的绚丽，就得不到果实的香甜　148
明智的舍弃，是一个人进取的前提　　　150

PART 01

你必须很努力,
才能看起来毫不费力

你只需努力，
剩下的交给时光

据说，世界上只有两种动物能到达金字塔顶端：一种是老鹰；一种是蜗牛。

老鹰和蜗牛，它们是如此不同：鹰矫健凶狠，蜗牛弱小迟钝。鹰性情残忍，捕食猎物时甚至会吃掉同类。蜗牛善良，从不伤害任何生命。鹰有一对飞翔的翅膀，而蜗牛背着一个厚重的壳。它们从出生起就注定了一个在天空中翱翔，一个在地上面爬行，是完全不同的动物，唯一相同的是，它们都能到达金字塔顶。

鹰能到达金字塔顶，归功于它有一双善飞的翅膀。也因为这双翅膀，鹰成为最凶猛、生命力最强的动物之一。与鹰不同，蜗牛能到达金字塔顶，主观上是靠它永不停息的执着精神。虽然爬行极其缓慢，但是每天坚持不懈，最终能登上金字塔顶。

我们中的大多数人都是蜗牛，只有一小部分能拥有优秀的先天条件，成为鹰。但是先天的不足，并不能成为自暴自弃的理由。因为,没有人注定命中不幸。要知道,在攀登的过程中,蜗牛的壳和鹰的翅膀,起的是同样的作用。可惜,生活中大多数人只羡慕鹰的翅膀,很少在意蜗牛的壳。所以,我们处于社会下层时,无须心情浮躁,更不应该抱怨颓废,而应该静下心来,学习蜗牛,每天进步一点点,总有一天,也能登上成功的金字塔顶。

高尔基早年生活十分艰难,3岁丧父,母亲早早改嫁。在外祖父家,他遭受了很大的折磨。外祖父是一个贪婪、残暴的老头儿。他把对女婿的仇恨发泄到高尔基身上,动不动就责骂毒打他。更可恶的是,他那两个舅舅经常变着法儿侮辱这个幼小的外甥,使高尔基在心灵上过早地领略了人间的丑恶。只有慈爱的外祖母是高尔基唯一的保护人,她真诚地爱着这个可怜的小外孙,每当他遭到毒打时,外祖母总是搂着他一起流泪。

高尔基在《童年》中叙述了他苦难的童年生活。在19岁那年,高尔基突然得到一个消息:他最慈爱的、唯一的亲人外祖母,在乞讨时跌断了双腿,因无钱医治,伤口长满了蛆虫,最后惨死在荒郊野外。

外祖母是高尔基在人世间唯一的安慰。这位老人劳苦一辈子,受尽了屈辱和不幸,最后竟这样惨死。这个噩耗几乎把高尔基击蒙了。他放声痛哭,几天茶饭不进。每到夜晚,他便独自坐在教堂的广场上呜咽流泪,为不幸的外祖母祈祷。1887年12月12日,高尔基觉得活在人间已没有什么意义。这个悲伤到极点的青年,从市场上买了一支旧手枪,对着自己的胸膛开了一枪。但是,他还是被医生救活了。

后来，他终于战胜了各种各样的灾难，成为世界著名的大文豪。

你要明白，没有人注定不幸。你的困难、挫折、失败，其他人同样可能遇到，而其他人遇到的更大的困难、挫折、失败，你却没有遇到，你绝对不比其他人更不幸。要知道，没有什么困难能够打垮你，唯一能够打垮你的就是你自己。

许多人常常把自己看作是最不幸、最苦命的人，实际上许多人比你的苦难还要大。苦难再大也不能丧失生活的信心、勇气。与许多伟大的人物所遭受的苦难相比，我们所遭到的困难又算得了什么。名人之所以成为名人，大多是由于他们在人生的道路上能够承受住一般人所无法承受的种种磨难。他们面对事业上的不顺、情场上的失意、身体上的疾病、家庭生活中的困苦与不幸，以及各种心怀恶意的小人的诽谤与陷害，没有沮丧，没有退缩，而是咬紧牙关，奋力抗争，不懈地拼搏，用自己惊人的毅力和不屈的奋斗精神，为人类的文明和社会的进步做出了卓越的贡献，从而成为享誉世界的名人。

人生需要的不是抱怨、自怜，而是扎扎实实、艰苦奋斗。

人生的苦难与幸福是分不开的。幸福是人类通过长期不懈的努力而逐步得到的，其中要经历各种苦难，这正像人们常讲的，幸福是由血汗造就的。有些人太单纯、简单了，他们只要幸福而不要苦难。切记，拒绝苦难的人，就不可能拥有幸福。

把工作当作
幸福和快乐的源泉

　　寻找生活中的乐趣,可以将你的心思从忧虑中移开,让你的生活变得更加简单和舒适,甚至可以给你带来意外的惊喜。 即使不这样,也可以把疲劳减至最少,并帮你享受自己的闲暇时光。

　　有位英国记者到南美的一个部落采访。 这天是个集市日,当地原住民都拿着自己的物产到集市上交易。 这位英国记者看见一个老太太在卖柠檬,5 美分一个。

　　老太太的生意显然并不好,一上午也没卖出去几个。 这位记者动了恻隐之心,打算把老太太的柠檬全部买下来,以便使她能"高高兴兴地早些回家"。

　　当他把自己的想法告诉老太太的时候,老太太的话却使记者大吃一惊:"都卖给你? 那我下午卖什么?"她觉得整个下午无事可做便失去了生活的乐趣。

　　人生最大的价值,就是体会生活的乐趣。 爱迪生说:"在我的一生中,从未感觉是在工作,一切都是对我的安慰……"然而，在职场中，像卖柠檬的老太太那样，对自己所从事的事业充满热情的人并不是太多，他们看不到生活的乐趣，只看到了生活中痛苦的一面，早上一醒来，头脑里想的第一件事就是：痛苦的一天又开始了……磨磨蹭蹭地到公司以后，无精打采地开始一天的工作，好不容易熬到下班，立刻又高兴起来，和朋友花天酒地之时总不忘诉说自己的工作有多乏味，有多无聊。如此周而复始，心情又怎会好起来呢？

工作是一个人幸福和快乐的源泉。卡尔文·库基说："真正的快乐不是无忧无虑，不只是享受，这样的快乐是短暂的。缺少一份充满魅力的工作，你就无法领略到真正的快乐和幸福。"然而，现实中能领略到工作中的幸福和快乐的人却寥寥无几。

工作是一个人价值的体现，我们有什么理由把它当作苦役呢？有些人抱怨工作本身太枯燥，然而，问题往往不是出在工作上，而是出在我们自己身上。如果你能够积极地对待自己的工作，并努力从工作中发掘出自身的价值，你就会像上文中的老太太一样，发现工作是一件非做不可的乐事，而不是一份惹人烦恼的苦役。

有本叫《栽种希望，培育幸福的人》的书，书中有个法国人，他独自生活在法国东南部一块荒凉的土地上，生活很简单：每天都出去种树。

一年又一年，他不辞辛劳，就这样不停地播种、栽树。

树开始长成森林，保存住了土壤里的水分，于是其他的植物也能生长了，鸟儿可以在这里筑巢了，小溪可以流淌了，这里又成了适合人类居住的绿洲。

临终前，他用自己的辛勤劳作，完全改变和恢复了该地区的自然环境。原来逃离那里的人又重新搬了回来，幸福地生活在这片土地上。

每天努力工作，为自己也为他人栽种希望，培育幸福。我们从事的工作可能简单而普通，但可以为我们带来无尽的快乐和成就感。

曾经在美国费城的大楼上立起第一根避雷针、有着"第二个普罗米修斯"之称的富兰克林，说过这样一句话："我读书多，骑马少，做别人的事多，做自己的事少。最终的时刻终将来临，到那时我但愿听到这样的话，'他活着对大家有益'，而不是'他死时很富有'。"

当你竭尽全力，命运自会主持公道

不论你的出身如何，不论别人是否看得起你，首先你要自己看得起自己。只有相信自己的价值，才能保持奋发向上的劲头。要知道，上帝没有偏见，从不会轻看卑微，你所做的一切他都看在眼里。

人类有一样东西是不能选择的，那就是出身。在现实生活中，我们常常遇到这样一群人，他们以自己穷困的出身来判定自己未来的生活道路，他们因自己角色的卑微而用微弱的声音与世界对话，他们总是因暂时的生活窘迫而放弃了儿时的绮丽梦想，他们还因为自己的其貌不扬而低下了充满智慧的头颅。

难道一个人出身卑微就注定会永远卑微下去吗？难道命运不是掌握在自己手中吗？即便一个人的身份卑微，上帝也不会轻看他，上帝偏爱的不是身份高贵的人，而是努力奋斗的人！所以，如果你出身卑微，那么努力奋斗吧，上帝一定会垂青你！

韩国平民总统卢武铉1946年出生于韩国金海市郊的一个小村庄。卢武铉的父母都是农民，靠种植庄稼为生。他的故乡偏远贫穷，连村里人都说："即使乌鸦飞来这里，也会因没有食物而哭着飞回去。"

卢武铉曾经说过："在韩国政坛，如果你没有钱，或者没有势力，很难当上总统候选人，更别提获胜了，然而我，这两样都没有。"有人说，卢武铉的政治经历与美国前总统林肯十分相似，对此，卢武铉也有同感。林肯是美国200多年历史上为数不多的平民总统，他上任伊始就遇到美国南北战争，而韩国的这位平民总统卢武铉，则遇上了朝鲜半岛核问题。

1968年，卢武铉进入韩国陆军服兵役，34个月后退役返乡。卢武铉知道自己学识不够，也知道家中没有钱供他读书，于是他开始自学法律。勤奋刻苦的他于1975年4月通过韩国第17届司法考试，由此开始了自己的律师生涯。

在卢武铉的律师生涯中，他始终为社会的公正而奋斗。1981年，卢武铉勇敢地站出来，为12名被政府指控为"私藏禁书"的大学生辩护。因为此事，卢武铉有了一些名气，被一些媒体称为"人权律师"。6年后，卢武铉又因支持"非法罢工"而遭逮捕，并且被剥夺了6个月的律师权。但牢狱之苦激起了卢武铉通过从政实现自己政治抱负的信念。

1988年，卢武铉步入政坛，当选为国会议员。自1992年起，卢武铉3次放弃了自己在汉城的优势选区，赴釜山进行议员和市长的竞选，结果接连3次饮恨釜山。一批选民被卢武铉的精神感动，自发成立了一个叫"爱卢会"的组织。该组织在民间迅速扩展,以至于韩国上下掀起了一股支持卢武铉的热潮,被舆论称为"卢旋风"。凭借这股"卢旋风",卢武铉顺利当选了议员和市长,之后又登上了总统宝座。

所以,一个人不能选择自己的出身,但可以选择自己的道路。只要踏上正确的人生之路,并能义无反顾地勇往直前,就一定能创造一番辉煌的业绩。

多年前的一个傍晚,一位叫皮埃尔的青年移民站在河边发呆。这天是他30岁生日,但他不知道自己是否还有活下去的必要。

因为皮埃尔从小在福利院长大,长相丑陋,身材也非常矮小,讲话又带着浓厚的法国乡下口音,因此他一直很瞧不起自己,认为自己是一个既丑又笨的乡巴佬,连最普通的工作都不敢去应聘,他没有家,也没有工作。

就在皮埃尔徘徊于生死之间的时候,与他一起在福利院长大的好朋友亨利兴冲冲地跑过来对他说:"皮埃尔,告诉你一个好消息!"

皮埃尔一脸悲戚地说:"好消息从来就不属于我。"

"你听我说,我刚刚从收音机里听到一则消息,拿破仑曾经丢失了一个孙子,播音员描述的相貌特征,与你丝毫不差!"

"真的吗,我竟然是拿破仑的孙子?"皮埃尔一下子精神大振。想到自己的爷爷曾经以矮小的身材指挥着千军万马,用带着科西嘉口音的法语发出威严的军令,他顿时感到自己矮小的身材同样充满力量,讲话时的乡下口音也带着几分威严和高贵。

第二天一大早，皮埃尔便满怀自信地来到一家大公司应聘。结果，他竟然应聘成功。

10年后，已成为这家大公司总裁的皮埃尔，亲自查证，自己并非拿破仑的孙子，但这早已不重要了。

所以，每一个人都应该相信"上帝"是公平的，只是有时上帝会和人类开个小小的玩笑，会把那些聪慧的宠儿放在卑微贫困的人群中间，就像我们常把贵重的物品藏在家中最不起眼的地方一样，让他们远离金钱和权势，让他们从一出生就在黑暗的穴洞中徘徊，看不到光明，以此来作为对他们的考验。

上帝一定会青睐那些从黑暗中走出来的人——他们有着坚强的生存意识、果敢的斗志、不屈的傲骨和出众的天赋，他们必将会在某个有价值的领域脱颖而出。请相信命运的公正吧！一个人只要知道自己将到哪里去，那么全世界都会给他让路。

谁都知道要努力，
但真正努力的人少之又少

懒惰是一种精神腐蚀剂。因为懒惰，人们不愿意爬过一个小山冈；因为懒惰，人们不愿意去战胜那些完全可以战胜的困难。

记得有位哲人说过："懒惰，像生锈一样，比操劳更能消耗身体——经常用的钥匙总是闪闪发亮的。"懒惰，不但让你一事无成，还会贻害无穷。

谁都知道，深海里氧气稀薄，但为了生存，很多生物不得不根据深海里的环境来进化自己：它们尽量减少活动或者干脆不动，长期蛰伏在一处，以减少身体对氧气的需求。所以，尽管深海里环境恶劣，还是有不少生物顽强地生存了下来。在美国的一家海湾水族馆研究所，由克雷格·麦克莱恩领导的一项研究发现，生活在深海里的生物渐渐减少的原因，居然不是因为氧气的减少，而是因为氧气的增多。

在南加州海域，就因为移植了大量含氧海藻，而导致许多深海动物消失。人们以为含氧海藻能够改善深海动物的生存环境，没想到反而害了那些动物。含氧海藻是一种能够制造氧气的深海植物，是普通海藻造氧量的100倍。照理来说，增加了氧气的深海对鱼类应该是一件有益的事，可是因为千百年来，那些长期蛰伏于一处不动的深海动物已经适应了缺氧的环境，突然有新鲜的氧气注入，便容易氧气中毒。防止氧气中毒的方法只有一个，那就是迅速改变原有的生活习惯，改静止为动态。只有不停地游动，才能够加速呼吸，让过量的氧气排出体外。

所以，生活在深海中的动物很快便会分为两种：一种因为无法改变自己原有的懒散的生活习性而变得无所适从，甚至被淘汰；另一种则一改往日的静止而快速行动起来，因为适应了由大量氧气注入的新环境而变得"如鱼得水"。

克雷格·麦克莱恩最后得出结论：不是氧气，而是懒惰习性害了那些深海动物。

对从事任何工作的人而言，懒惰都是一种堕落的、具有毁灭性的习性。懒惰、懈怠从来没有在历史上留下好名声，也永远不会留下好名声。只有多行动，依靠自己的辛勤劳动，才能创造美好未来。

你必须很努力，
才能看起来毫不费力

勤奋能塑造卓越的伟人，也能塑造最好的自己。大凡有作为的人，无一不与勤奋有着深厚的缘分。

古人说得好："一勤天下无难事。"爱因斯坦曾经说过："在天才和勤奋之间，我毫不迟疑地选择勤奋，她几乎是世界上一切成就的催化剂。"高尔基还有这么一句话："天才出于勤奋。"卡莱尔更激励我们说："天才就是无止境刻苦勤奋的能力。"

古今中外著名的思想家、科学家、艺术家，他们无不是勤奋耕作走向成功的典型。

1601年的一个傍晚，丹麦天文学家第谷·布拉赫卧在床上，生命已经垂危。他的学生德国天文学家开普勒坐在一张矮凳上，倾听着老师临终之言："我一生以观察星辰为工作，我的目标是1000颗星，现在我只观察到750颗星。我把一切底稿都交给你，你把我的观察结果出版出来……你不会让我失望吧？"

开普勒静静地坐着，点了点头，眼泪从脸颊上流了下来。

为了不辜负老师的嘱托，开普勒开始勤奋工作。但是他的继承引起了布拉赫亲戚们的妒忌，不久，他们合伙把作为遗产的底稿全部收了回去。无情的挫折没能使开普勒屈服，他日夜牢记着老师的托付，"我的目标是1000颗星"。开普勒进行实地观测，每天只睡几个小时，吃住都在望远镜边，开始了枯燥单调的天文工作。751，752，753……20多年过去了，终于在1627年，开普勒实现了老师的遗愿。

天才出自于勤奋，伟大来自于平凡的努力，没有人能随随便便成功。没有细致耐心的勤奋工作，就不会有大的成就。

所谓勤，就是要人们善于珍惜时间，勤于学习，勤于思考，勤于探索，勤于实践，勤于总结。看古今中外，凡有建树者，无不用辛勤的汗水写着一个闪光的大字——"勤"。

德国伟大诗人、小说家和戏剧家歌德，前后花了58年的时间，搜集了大量的材料，写出了对文学界和思想界产生很大影响的诗剧《浮士德》。

马克思写《资本论》，辛勤劳动，艰苦奋斗了40年，阅读了数量惊人的书籍和刊物，其中做过笔记的就有1500种以上。

我国著名的数学家陈景润，在攀登数学高峰的道路上，翻阅了国内外相关的上千本资料，通宵达旦地看书学习，取得了震惊世界的成就。

有人说过："天才之所以能成为天才，只不过是因为他们比一般人更专注更勤奋罢了。"的确，没有人能只依靠天分成功。任何一项成就的取得，都与勤奋分不开，古今中外，概莫能外。伟大的成功和辛勤的劳动是成正比的，有一分劳动就有一分收获，日积月累，从少到多，奇迹就可以创造出来。

无论多么美好的东西，人们只有付出相应的劳动和汗水，才能懂得这美好的东西是多么来之不易，因而愈加珍惜它。这样，人们才能从这种"拥有"中享受到快乐和幸福。

如果能试着按下面的方法去做，你就能变得勤奋，你的努力也会更加有效：

（1）做一些自己喜欢的事情；学会自己作决定；从小事开始，先做一些有把握成功的事；把激发自己热情的事记录下来；珍惜生命；鼓励自己；和热情的人在一起。

（2）会休息的人才会工作。充分休息，自我放松，培养愉快的心情。在积极的心态下行动才能事半功倍。

（3）做一个详细具体的计划，让自己的工作有计划、有规律，然后努力把眼前的事情做好。

（4）只顾忙碌而不注重效率也不行，所以要做好时间管理，让自己的努力更有效率。

（5）绝不拖延，只有这样，才能养成"今日事今日毕"的好习惯。长此以往，便可拥有可贵的品质——勤奋。

青春的使命不是"竞争"，而是"成长"

生活中很多东西是难以把握的，但是成长是可以把握的。也许我们再努力也成不了刘翔，但我们仍然能享受奔跑。可能会有人妨碍你的成功，却没人能阻止你的成长。换句话说，这一辈子你可以不成功，但是不能不成长。

人生旅途中，似乎不总是那么一帆风顺、如愿如期，总有一些或多或少的困难与挫折，家家有本难念的经嘛！既然上天给了我们一次锻炼与考验的机会，那我们又何必那么畏首畏尾呢？与其在那儿蜷缩手脚、闷闷不乐，倒不如在逆境中顽强拼搏。或许我们能改变现状，毕竟"山重水复疑无路，柳暗花明又一村"，天无绝人之路。当老天为你关闭这扇窗，必定也为你打开另一扇窗，只是你缺少睿智的眼睛。

一位父亲很为他的孩子苦恼。因为他的儿子已经十五六岁了，可是一点儿男子气概都没有。于是，父亲去拜访一位禅师，请他训练自己的孩子。

禅师说："你把孩子留在我这边，三个月以后，我一定可以把他训练成真正的男人。不过,这三个月你不可以来看他。"父亲同意了。

三个月后,父亲来接孩子。禅师安排孩子和一个空手道教练进行一场比赛,以展示这三个月的训练成果。

教练一出手,孩子便应声倒地。他站起来继续迎接挑战,但马上又被打倒,他就又站起来……就这样来来回回一共十六次。

禅师问父亲:"你觉得孩子的表现够不够男子汉气概?"

父亲说:"我简直羞愧死了!想不到我送他来这里受训三个月,看到的结果是他这么不经打,被人一打就倒。"

禅师说:"我很遗憾你只看到表面的胜负。你有没有看到你儿子那种倒下去立刻又站起来的勇气和毅力呢?这才是真正的男子汉气概啊!"

不断地倒下,再不断地爬起,我们正是在这种磕磕碰碰中成长。男子汉的气概并不是表现在我们跌倒的次数比别人少,而是在于,每次跌倒后,我们都有爬起来再次面对困难的勇气和不达目的誓不罢休的毅力。

每个人都在成长,这种成长是一个不断发展的动态过程。也许你在某种场合和时期达到了一种平衡,而平衡是短暂的,可能瞬间即逝,不断被打破,所以成长是无止境的。

抑郁症、躁郁症正威胁着现代人,仍有许多人无法坦然面对生活。但有谁想得到,曾两度夺得香港电影金像奖最佳导演的尔冬升原来也曾受抑郁症的折磨。不过,他就是从那时开始才学会成长,从而一步步走向成熟,拍出了《旺角黑夜》这样成功的电影。

面对激烈的竞争、种种挑战和痛苦，我们唯一能做的就是迅速充实自己，成长起来，只有这样，才不会被困难和挑战击倒。

在逆境中学会成长，姑且看成是上天对我们特别的关怀，对我们的怜悯与施舍，我们也应做出成绩，做出榜样，在逆境中提升人格的力量，磨砺性格的力量，增强信念的力量，升华自己生命的力量。

逆境不但不会把人打倒与压垮，反而能让人的潜能最大限度地迸发出来，创造出乎预料的奇迹。"文王拘而演《周易》；仲尼厄而作《春秋》；屈原放逐，乃赋《离骚》；左丘失明，厥有《国语》；孙子膑脚，兵法修列；不韦迁蜀，世传《吕览》；韩非囚秦，《说难》《孤愤》；《诗》三百篇，大抵圣贤发愤之所作也。"张海迪、霍金……他们都是在困难挫折面前顽强奋发，自力更生，最终战胜磨难，实现了个人的价值。 是啊！ 不经历风雨怎能见彩虹，"不经一番寒彻骨，哪得梅花扑鼻香"。 逆境在某种程度上能造就我们的成功。

允许自己犯错，学会在逆境中成长，我们的羽翼会更加丰满，能飞向天涯海角；我们的心胸会更加宽广，能容纳百川；我们的双脚会更加结实与厚重，能越过千山万水、恶浪险滩。

遇到再大的风浪，我们也要远航

如果你拥有一颗积极向上、勇于攀登的心，就能够在逆境中找到快乐。

法国18世纪启蒙哲学家卢梭曾经说过："一个真正了解幸福的人，无论什么样的打击都无法使他潦倒。"美国小说家马克·吐温也曾说过："人生在世，必须善处逆境，万万不可浪费时间陷于无益的烦恼，最好还是平心静气地去办事，想出补救的办法来。辛勤的蜜蜂永远没有时间悲哀。杰出的人们，会在逆境中磨砺意志，卧薪尝胆，厉兵秣马，展现非凡的人生风采。"

在现实生活中，假如你没有被逆境所吓倒，反而以乐观的态度，把逆境想象成理所当然，那么，你就极有可能把逆境变成顺境的前奏。

为了做到这点，光有钱、荣誉、漂亮妻子，还是不够的——这些福分都是无常的，而且也很容易习惯。为了不断地感到幸福，甚至在苦恼和愁闷的时候也感到幸福，那就需要善于满足现状，心想"事情原来可能更糟"。要做到这点其实并不难：

如果火柴在你的衣袋里燃起来了，那你应当高兴，而且感谢上苍："多亏我的衣袋不是火药库。"

如果你的手指头扎了一根刺，那你应当高兴："挺好，多亏这根刺不是扎在眼睛里！"

如果有穷亲戚上门来找你，那你不要脸色发白，而要喜气洋洋地叫道："挺好，幸亏来的不是警察！"

如果你不是住在边远的地方，那你一想到命运总算没有把你送到边远的地方去，你岂不觉着幸福？

如果你的妻子或者小姨练钢琴，那你不要发脾气，而要感激这份福气：你是在听音乐，而不是听狼嗥或者猫的音乐会。

你应该高兴，因为你不是劳累的马，不是微小的旋毛虫，不是供人宰割的猪，不是愚蠢的驴，不是笼子里关的熊，不是人见人厌的臭虫……你要高兴，因为眼下你没有坐在被告席上，更没有看见债主在你面前。

如果你被送到警察局去了，那就该乐得跳起来，因为多亏没有把你送到地狱里去。

如果你有一颗牙痛起来，那你应该高兴：幸亏不是满口的牙痛起来。

如果你的妻子对你变了心，那就该高兴，多亏她背叛的是你，不是国家。

如果你挨了一顿木棍子的打，那就该蹦蹦跳跳，叫道："我多么幸运，人家总算没有拿带刺的棒子打我！"

以此类推。只要按这种乐观的方法去做，你的生活就会变得欢乐无穷。

　　幸福来源于我们自己，不幸是命运强加给我们的。 战胜命运，就是我们的幸福；没有战胜命运，就是我们的不幸。有人在逆境中成长，也有人在逆境中跌倒，这其中的差别就在于我们如何看待。 硬是在地上赖着爬不起来的人，注定只能继续哭泣，而能立刻站起来的人却能成就更好的自己。

　　逆境会让人变得更深刻，顺境却容易让人变得浅薄。 霍兰德说："在黑暗的土地上生长着最娇艳的花朵，那些最伟岸挺拔的树林总是在最陡峭的岩石中扎根，昂首向天。"人生中，并不是每一次不幸都是灾难，早年的逆境通常是一种幸运。 与困难做斗争不仅磨炼了我们的意志，也为日后更为激烈的竞争准备了丰富的经验。

　　有的时候，顺境会变成一个陷阱，因为身处顺境的人很容易被眼前的景致所迷惑而失去危机意识，历史上年轻时一帆风顺而最后身遭其祸的人举不胜举，在这里，成功反而成为失败之母。 在逆境中，有的人自杀，有的人疯狂，也有的人化作不死鸟，涅槃后而重生，身上发出的光照亮了世间各个角落。

　　无论多大的苦难，多大的风浪，也无法磨掉我们的斗志，无法抹杀我们与命运搏斗做出的努力。 只有在逆境中才能真正了解快乐与幸福是什么！ 只有在逆境中才能真正正视自我！ 只有在逆境中才能真正获得快乐与幸福！ 一个热爱生活的人，必定善于面对生活中的逆境。 或许，对于那些经历了风风雨雨的人来说，他们可以深刻体味出其中的滋味——在风浪中起航，更能体验到快乐！

PART
02

起点低不要紧，
肯努力就有地位

先有一个梦想，
然后经营梦想

若一个人明白他想要什么并且坚持自己的理想，那么整个世界都将为他让路。

他生长在一个普通的农户家里。家里很穷，他很小就跟着父亲下地种田。在田间休息的时候，他望着远处发呆。父亲问他想什么。他说，将来长大了，不要种田，也不要上班，每天待在家里，等人给他寄钱。

父亲听了，笑着说："荒唐，你别做梦了！我保证不会有人给你寄钱的。"

后来他上学了。有一天，他从课本上知道了埃及金字塔的故事，就对父亲说："长大了我要去埃及看金字塔。"父亲生气地拍了一下他的头说："真荒唐！你别总做梦了，我保证你去不了。"

十几年后，少年成了青年，考上了大学，毕业后做了记者，每年都出几本书。他每天坐在家里写作，出版社、报社给他往家里邮钱，他用邮来的钱到埃及旅行。他站在金字塔下，抬头仰望，想起小时候爸爸说的话，心里默默地对父亲说："爸爸，人生没有什么能被保证！"

他，就是台湾最受欢迎的散文家林清玄。那些在他父亲看来十分荒唐不可能实现的梦想，在十几年后都被他变成了现实。为了实现这个梦想，他十几年如一日，每天早晨4点就起床看书写作，每天坚持写3000字，一年就是100多万字。靠坚持不懈的奋斗，他终于实现了自己的梦想。

如果轻易放弃，梦想就只能是梦想；只有坚持到底，梦想才不仅仅是梦想。无论如何都不放弃梦想的人，才有可能让美梦成真。许多人之所以不能实现梦想，并不是因为梦想太高远，而是轻易放弃。

一位小学教师给他的学生布置了一个作业：写一个报告，题目是《我的梦想》。

其中有一个小男孩，洋洋洒洒地写了9张纸，描述他的伟大梦想。他想拥有一座属于自己的牧场，并且仔细地画了一张200亩牧场的设计图，上面认真地标有马厩、跑道等位置，然后在这一大片牧场中央，还要建一栋占地4000平方英尺（1英尺约等于0.3048米）的豪宅。

他花了很多心血才把这份报告做出来，第二天交给了老师。然而，三天后当他拿回报告翻开一看：第一页上打了一个又红又大的叉，旁边还有一行字："下课后来见我。"

小男孩下课后带着报告去见老师："为什么我的报告不及格？"

老师回答道："你年纪虽然小，但也不要做白日梦。你们家里没有钱，也没有雄厚的家庭背景，什么都没有。盖牧场是需要花很多钱的大工程，你要花钱买地，花钱买纯种马，花钱照顾它们，所以你的梦想是不可能实现的。因此，我建议你再写一个不离谱的梦想，我会重新给你分数的。"

这个男孩回到家后征询父亲的意见。父亲只是告诉他："儿子，这个决定对你来说非常重要，你必须自己拿主意。"

于是这个小男孩再三考虑后，决定将原稿交回，一个字都不改。他告诉老师："即使不及格，我也不放弃梦想。"

几十年后，当老师到小男孩的牧场做客的时候，他才知道小男孩没有放弃自己的梦想是对的。

有位哲人说："世界上一切的成功、财富都始于一个意念！始于我们心中的梦想！"也就是说，成功其实很简单：你先有一个梦想，然后努力经营自己的梦想，不管别人说什么，都不放弃。

停下匆匆赶路的脚步，
倾听内心的声音

很多时候，我们的内心都为外物所遮蔽、掩饰，浮躁的心态占据了我们的整颗心，因此在人生中留下许多遗憾：在学业上，由于我们还不会倾听内心的声音，所以盲目地选择了别人为我们选定的、他们认为最有潜力与前景的专业；在事业上，我们故意不去关注内心的声音，在一哄而起的热潮中，我们也去选择那些最为众人看好的热门职业；在爱情上，我们常因外界的作用扭曲了内心的声音，因经济、地位等非爱情因素而错误地选择了爱情对象……我们都是现代人，现代人惯于为自己做各种周密而细致的盘算，权衡着可能有的各种收益与损失，但是，我们唯一忽视的，便是去听一听自己内心的声音。

一位长者问他的学生："你心目中的人生美事为何？"学生列出"清单"一张：健康、才能、美丽、爱情、名誉、财富……谁料老师不以为然地说："你忽略了最重要的一项——心灵的宁静，没有它，上述种种都会给你带来可怕的痛苦！"

　　繁忙紧张的生活容易使人心境失衡，如果患得患失，不能以宁静的心灵面对无穷无尽的诱惑，我们就会感到心力交瘁或迷惘躁动。

　　唯有心灵宁静，才不眼热权势显赫，不奢望金银成堆，不乞求声名鹊起，不羡慕美宅华第，因为所有的眼热、奢望、乞求和羡慕，都是一厢情愿，只能加重生命的负荷，加剧心力的浮躁，而与豁达康乐无缘。

　　我们很忙，行色匆匆地奔走于人潮汹涌的街头，浮躁之心油然而生，这也是我们不去倾听内心声音的一个缘由。我们找不到一个可以冷静驻足的理由和机会。现代社会在追求效率和速度的同时，使我们的优雅在逐渐丧失。那种恬静如诗般的岁月于现代人已成为最大的奢侈和批判对象，内心的声音便在这种繁忙与喧嚣中被淹没。物的欲望在慢慢吞噬人的性灵和光彩，我们留给自己的内心空间被压榨到最小，我们狭隘到已没有"风物长宜放眼量"的胸怀和眼光。我们开始患上种种千奇百怪的心理疾病，心理医生和咨询师在我们的城市也渐渐走俏，我们去求医、问诊，然后期待在内心喑哑的日子里寻求心灵的平衡。

　　老街上有一位老铁匠。由于早已没人需要打制铁器，现在他改卖铁锅、斧头和拴小狗的链子。他的经营方式非常古老和传统，人坐在门内，货物摆在门外，不吆喝，不还价，晚上也不收摊。你无论什么时候从这儿经过，都会看到他在竹椅上躺着，手里是一个半导体，身旁是一把紫砂壶。

　　他的生意也没有好坏之说，每天的收入正够他喝茶和吃饭。他老了，已不再需要多余的东西，因此他非常满足。

一天，一个文物商从老街上经过，偶然看到老铁匠身旁的那把紫砂壶，因为那把壶古朴雅致、紫黑如墨，有清代制壶名家戴振公的风格。他走过去，顺手端起那把壶。

壶嘴内有一记印章，果然是戴振公的，商人惊喜不已。因为戴振公在世界上有捏泥成金的美名，之前据说他的作品现在仅存3件：一件在纽约州立博物馆里；一件在中国台湾的"故宫博物院"；还有一件在海外某位华侨手里，是1993年在伦敦拍卖市场上以16万美元的拍卖价买下的。

商人端着那把壶，想以10万元的价格买下它。当他说出这个数字时，老铁匠先是一惊，后又拒绝了，因为这把壶是他爷爷留下的，他们祖孙三代打铁时都喝这把壶里的水，他们的汗也都来自这把壶。

壶虽没卖，但商人走后，老铁匠有生以来第一次失眠了。这把壶他用了近60年，并且一直以为是把普普通通的壶，现在竟有人要以10万元的价钱买下它，他转不过神来。

过去他躺在椅子上喝水，都是闭着眼睛把壶放在小桌上，而现在把茶壶放到桌上后，他总要坐起来再看一眼，这让他非常不舒服。特别让他不能容忍的是，当人们知道他有一把价值连城的茶壶后，蜂拥而至，有的问还有没有其他的宝贝，有的开始向他借钱，更有甚者，晚上悄悄跑到他家里，想偷走这把壶。他的生活被彻底打乱了，他不知该怎样处置这把壶。

当那位商人带着20万元现金，第二次登门的时候，老铁匠再也坐不住了。他招来左右店铺的人和前后邻居，拿起一把斧头，当众把那把紫砂壶砸了个粉碎。

现在，老铁匠还在卖铁锅、斧头和拴小狗的链子，据说他已经102岁了。

宁静可以沉淀出生活中许多纷杂的浮躁，过滤出浅薄粗俗等人性的杂质，可以避免许多鲁莽、无聊、荒谬的事情发生。 宁静是一种气质、一种修养、一种境界、一种充满内涵的悠远。 安之若素，沉默从容，往往要比气急败坏、声嘶力竭更显涵养和理智。

人生有主见，
青春不迷茫

比塞尔是西撒哈拉沙漠中的一颗明珠，每年都会有数以万计的旅游者来到这儿。可是在肯·莱文发现它之前，这里还是一个封闭落后的地方。这儿的人没有一个走出过大漠，据说，不是他们不愿离开这块贫瘠的土地，而是尝试过很多次都没能走出去。

肯·莱文当然不相信这种说法。他用手语向这儿的人问原因，结果每个人的回答都一样：从这儿无论向哪个方向走，最后还是转回到出发的地方。为了证实这种说法，他做了一次试验，从比塞尔村向北走，结果三天半就走了出来。

比塞尔人为什么走不出来呢？肯·莱文非常纳闷，最后只得雇一个比塞尔人，让他带路，看看到底是怎么回事。他们带了半个月的水，牵了两峰骆驼，肯·莱文收起指南针等现代设备，只拄一根木棍跟在后面。

十天过去了，他们走了大约800英里（1英里约等于1609.344米）的路程，第十一天早晨，果然又回到了比塞尔。

这一次,肯·莱文终于明白了,比塞尔人之所以走不出大漠,是因为他们根本就不认识北斗星。在一望无际的沙漠里,一个人如果凭着感觉往前走,他会走出许多大小不一的圆圈,最后的足迹十有八九是一把卷尺的形状。比塞尔村处在浩瀚的沙漠中间,方圆上千公里没有一点参照物,若不认识北斗星又没有指南针,想走出沙漠,确实是不可能的。

肯·莱文在离开比塞尔时,带了一位叫阿古特尔的青年,就是上次和他合作的人。他告诉这位青年,只要你白天休息,夜晚朝着北面那颗星走,就能走出沙漠。阿古特尔照着去做了,三天之后果然来到了大漠的边缘。阿古特尔因此成为比塞尔的开拓者,他的铜像被竖在新建小城的中央。铜像的底座上刻着一行字:新生活是从选定方向开始的。

正如上述例子的最后一句话,人生也同样如此。人生有自我存在的价值,选择一个目标,就等于明确了人生的方向,这样才不至于迷失。

一个人如果没有自己的人生观,没有人生的方向,没有确定自己活着究竟要做一个什么样的人、做什么事,只是跟着环境在转,这就犯了庄子所说的"所存于己者未定"的毛病,那将是人生最悲哀的事。

辉煌的人生在很大程度上取决于人生的方向,个人的幸福生活也离不开方向的指引。确立人生的方向是人一生中最值得认真去做的事情。你不仅需要自我反省、向人请教"我是什么样的人",还需要很清楚地知道"我究竟需要什么",包括想成就什么样的事业、结交什么样的朋友、培养和保留什么样的兴趣爱好、过一种什么样的生活。这些选择是相对独立的，却是在一个系统内的，彼此是呼应的，从而共同形成人生的方向。

摩西奶奶是美国弗吉尼亚州的一位农妇，76岁时因关节炎放弃农活，这时她给了自己一个新的人生方向，开始学习她梦寐以求的绘画。80岁时，她到纽约举办画展，引起了意外的轰动。她活了101岁，一生留下绘画作品600余幅，在生命的最后一年还画了40多幅。

不仅如此，摩西奶奶的行动也影响到了日本大作家渡边淳一。渡边淳一从小就喜欢文学，可是大学毕业后，他一直在一家医院里工作，这让他感到很别扭。马上就30岁了，他不知该不该放弃那份令人讨厌却收入稳定的工作，转而从事自己喜欢的写作。于是他给耳闻已久的摩西奶奶写了一封信，希望得到她的指点。摩西奶奶很感兴趣，当即给他寄了一张明信片，上面写了这么一句话："做你喜欢做的事，上帝会高兴地帮你打开成功之门，哪怕你现在已经80岁了。"

人生是一段旅程，方向很重要。只有掌握了自己人生的方向，才能最大化地实现自己的价值，正如例子里的摩西奶奶和渡边淳一。

找到人生方向的人是快乐的，他们的生活与他们所向往的人生是一致的，这样的生活也让他们的生命更有意义。

起点低不要紧，
有想法就有地位

不可否认，因为出生背景、受教育程度等各方面原因，每个人的起点难免有高低之分，但是起点高的人不一定能将高起点当作平台，走向更高的位置。起点低也不用怕，心界决定一个人的世界，有想法才有地位。二十几岁的年轻人首先要渴望成功，才会有成功的机会。

《庄子》开篇的文章是"小大之辩"。书中说北方有大海，海中有一条叫作鲲的大鱼，宽几千里，没有人知道它有多长。又有一只鸟，叫作鹏。它的背像泰山，翅膀像天边的云，飞起来，乘风直上九万里的高空，超绝云气，背负青天，飞往南海。蝉和斑鸠讥笑说："我们愿意飞的时候就飞，碰到松树、檀树就停在上边；有时力气不够，飞不到树上，就落在地上，何必要高飞九万里，又何必飞到那遥远的南海呢？"

那些心中有着远大理想的人往往不能为常人所理解，就像目光短浅的麻雀无法理解大鹏鸟的鸿鹄之志，更无法想象大鹏鸟靠什么飞往遥远的南海。因而,像大鹏鸟这样的人必定要比常人忍受更多的艰难曲折,忍受更多的心灵上的寂寞与孤独。他们要更加坚强,并把这种坚强移入自己的远大志向中去。这种信念熔铸而成的理想将带给人一颗伟大的心灵,而成功者正脱胎于这种伟大的心灵。尤其是起点低的人,更需要一颗渴望成功的进取心。

"打工皇后"吴士宏是第一个成为跨国信息产业公司中国区总经理的内地人,她的传奇也在于她的起点之低——只有初中文凭和成人高考英语大专文凭。而她成功的秘诀就是"没有一点儿雄心壮志的人,是肯定成不了什么大事的"。

吴士宏年轻时命途多舛,还患过白血病。战胜病魔后她开始珍惜宝贵的时间,仅仅凭着一台收音机,花了一年半时间学完了"许国璋英语"三年的课程,并且在自学的高考英语专科毕业前夕,她以对事业的无比热情和非凡的勇气通过外企服务公司成功应聘到IBM公司,而在此前外企服务公司向IBM推荐的好多人都没有被聘用。她的信念就是:"绝不允许别人把我拦在任何门外!"

最初在IBM的日子里,吴士宏扮演的是一个卑微的角色,沏茶倒水,打扫卫生,完全是脑袋以下肢体的劳作。在那样一个纯高科技的工作环境中,由于学历低,她经常被无理非难。吴士宏暗暗发誓:"这种日子不会长久,绝不允许别人把我拦在任何门外。"后来,吴士宏又对自己说:"有朝一日,我要有能力去管理公司里的任何人。"为此,她每天比别人多花6个小时用于工作和学习。经过艰辛的努力,吴士宏成为同一批聘用者中第一个做业务代表的人。继而，她又成为第一批本土经理，第一个 IBM 华南区的总经理。

在人才济济的 IBM，吴士宏算是起点最低的员工了，但她十分敢想，想要"管理别人"。而一个人一旦拥有进取心，即使是最微弱的进取心，也会像播撒一颗种子，经过培育和扶植，使其茁壮成长，开花结果。

我们应该承认，教育是促使人获得成功的捷径。但吴士宏只有初中文凭和成人高考英语大专文凭，却依然取得了成功。我们这里所指的教育是传统意义上的学校教育，你不妨就把它通俗而简单地理解为文凭。一纸文凭好比一块最有力的敲门砖，可能会有很多人质疑这一点，但是如果你知道人事部经理怎样处理成堆的简历，就会后悔当初没有上名牌大学了。他们会首先从学校中筛选，如果名牌大学应征者的其他条件都符合，他就不会再翻看其他的简历了。

但是，名牌大学只有那么几所，独木桥实在难以通过。很多人在这一点上落后了不少，于是在真正踏上社会、走入职场时，就会有起点差异。不过值得庆幸的是，很多成功者都是从低起点开始做起的，他们之所以能在落后于人的情况下后来居上，有进取心是不可忽略的一条准则。

命运在所有生灵的耳边低语："努力向前。"如果你发现自己在拒绝这种来自内心的召唤、这种催你奋进的声音，那可要引起注意了。当这个来自内心、催你上进的声音回响在耳边时，你要注意聆听它，它是你最好的朋友，将指引你走向光明和快乐，将指引你到达成功的彼岸。

踩着别人的脚印，
永远找不到自己的方向

聪明的人不喜欢单纯地模仿别人，他们总是会发现新的机遇和领域，并抢先占领这一片领域。这个世界上充满了形形色色的追随者和模仿者，他们总是喜欢依照他人的足迹行走，沿着他人的思路思考。他们认为，走别人走过的路可让自己省心省力，是走向成功、创造卓越人生的一小条捷径。岂不知，"模仿乃是死，创造才是生"。

对任何人来说，模仿都是极愚拙的事，它是成功的劲敌。它会使你的心灵枯竭，没有动力；它会阻碍你取得成功，干扰你进一步的发展，拉长你与成功的距离。

效仿他人的人，不论他所模仿的人多么伟大，他也绝不会成功。没有一个人能依靠模仿他人去成就伟大的事业。所以，年轻人要想成功就要找准自己的方向，找到自己的目标，不能走别人走过的路。

有一位雄心勃勃的商人，听说外地招商引资，就"顺应潮流"到该地投资了上千万。两年之后，他把所有的钱都亏掉了，最后空手而归。

朋友问他："你当初为什么要到那里去投资？"他说："那时候，很多同行都争先恐后地去了，大家都认为那里的投资条件优越，大有发展前途。如果我不去的话，担心失去发展的机会。"

例子里的商人陷入了一个怪圈：别人都去做了，我必须赶快跟上。有这样一种说法，同样的一条新路，走第一的是天才，走第二的是庸才，走第三的是蠢材。从中可见跟随者的悲哀。

成功只青睐主动寻找它的人。聪明的人都不随大流，眼光独到，另辟蹊径，在别人还"没睡醒"之前早已把赚来的钱塞进自己的口袋里了。

100多年前，德国犹太人李威·斯达斯随着淘金人流来到美国加州。他看见这里的淘金者人如潮涌，就想靠做生意赚这些淘金者的钱。他开了间专营淘金用品的杂货店，经营镢头、做帐篷用的帆布等。

一天，有位顾客对他说："我们淘金者每天不停地挖，裤子损坏特别快，如果有一种结实耐磨的布料做成的裤子，一定会很受欢迎的。"

李威抓住顾客的需求，把他做帐篷的帆布加工成短裤出售，果然畅销，采购者蜂拥而来，李威靠此发了笔大财。

首战告捷，李威马不停蹄，继续研制。他细心观察矿工的生活和工作特点，千方百计地改进和提高产品质量，设法满足消费者的需求。考虑到帮助矿工防止蚊虫叮咬，他将短裤改为长裤；又为了使裤袋不致在矿工把样品放进去时裂开，他特意将裤子臀部的口袋由缝制改为用金属钉钉牢；又在裤子的不同部位多加了两个口袋。这些点子都是在他仔细观察淘金者的劳动和需求的过程中，不断地捕捉到并加以实施的，这些改进使产品日益受到淘金者的欢迎，销路日广。这便是后来的牛仔裤。

李威还利用各种媒介大力宣传牛仔裤的美观、舒适，甚至把它说成是一种牛仔裤文化。于是，牛仔裤在社会上层也牢牢地站稳了脚跟，最终风靡全球。

走别人走过的路，将会迷失自己的方向，李威之所以能取得成功，就是因为他开拓了一条属于自己的路。

不论是工作上还是生活中，有不少年轻人都太习惯于走别人走过的路，他们偏执地认为走大多数人走过的路不会错，但是，却往往忽略了最重要的事实，那就是，走别人没有走过的路往往更容易成功。

走别人没走过的路，虽然意味着你必须面对别人不曾面对的艰难险阻，吃别人没吃过的苦，但也唯有如此，你才能发现别人未曾发现的机会，到达别人无法企及的高度。

成功者之所以会取得惊人的成绩，正是由于他们不满足于走别人走过的路，而是主动开发，想别人没想到的东西，也正是这一思路支持着他们一路走来，让自己跨越障碍直至成功。

清楚自己
想要什么

人之一生，背负的东西太多太多，钱、权、名、利，都是我们想要的，一个也不想放下，压得我们喘不过气来。有时我们拥有的太多太乱，我们的心思太复杂，我们的负荷太沉重，我们的烦恼太无绪，诱惑我们的事物太多，大大地妨碍我们，无形而深刻地损害我们。生命如舟，载不动太多的欲望，怎样使之在抵达彼岸时不在中途搁浅或沉没？我们是否该选择放下，丢掉一些不必要的包袱，那样我们的旅程也许会多一些从容与安康。

明白自己真正想要的东西是什么，并为之奋斗，如此才不枉费这一生。英国哲学家伯兰特·罗素说过，动物只要吃得饱，不生病，便会觉得快乐。人也应该如此，但大多数人并不是这样。很多人忙碌于追逐事业上的成功而无暇顾及自己的生活，他们在永不停息的奔忙中忘记了生活的真正目的，忘记了什么是自己真正想要的。这样的人只会看到生活的烦琐与牵绊，而看不到生活的简单和快乐。

我们的人生要有所获得，就不能让诱惑自己的东西太多，不能让努力的方向过于分岔。我们要简化自己的人生，要学会有所放弃，要学习经常否定自己，把自己生活中和内心里的一些东西断然放弃。

仔细想想你的生活中有哪些诱惑因素，是什么一直干扰着你，让你的心灵不能安宁？又是什么让你坚持得太累？是什么在阻止着你的快乐？把这些让你不快乐的包袱通通扔掉。只有放弃我们人生田地和花园里的这些杂草害虫，才有机会同真正有益于自己的人和事亲近，才会获得适合自己的东西，我们才能在人生的土地上播下良种，致力于有价值的耕种，最终收获丰硕的果实，在人生的花园采摘到鲜丽的花朵。

所以，仔细想想你在生活中真正想要什么，认真检查一下自己肩上的背负，看看有多少是我们实际上并不需要的，这个问题看起来很简单，但是意义深刻，它对成功目标的制订至关重要。

要得到生活中想要的一切，当然要靠努力和行动。但是，在开始行动之前，一定要搞清楚什么才是自己真正想要的。要打发时间并不难，随便找点儿什么活动都可以应付，但是，如果这些活动的意义不是你想要的，那你的生活就失去了意义。你能否提高自己的生活品质，并且使自己满足、有所成就，完全看你能否决定自己真正需要什么，然后能不能尽量满足这些需要。

生活中最困难的一个过程就是要搞清楚我们究竟想要什么。大多数人都不知道自己真正想要什么，因为我们不曾花时间来思考这个问题。面对五光十色的世界和各种各样的选择，我们不知所措，所以我们会不假思索地接受别人的期望来定义个人的需要和成功，社会标准变得比我们自己特有的需求还重要。

我们总是太在意别人的看法，以致我们下意识地接受了别人强加于我们的种种动机，结果，努力过后才发现自己的需求一样都没能满足。更复杂的是，不仅别人的意见影响着我们的欲望，我们自己的欲望本身也是变幻莫测的，它们因为潜在的需要而形成，又因为不可知的力量日新月异。我们经常得到过去十分想要的而现在却不再需要的东西。

如果有什么原因使我们总是得不到自己想要得到的东西，这个原因就是你并不清楚自己到底想要什么。在你决定自己想要什么、需要什么之前，不要轻易下结论，一定要先做一番心灵探索，真正地了解自己，把握自己的目标。只有这样，你才能在生活中满意地前行。

活出
自己的样子

潘杰客，一个有着传奇跨国经历的成功男人，带给我们无限的启示。

想当初，潘杰客的祖父和父亲都是著名的科学家，而他大学毕业后却在北京一个小小的施工队做预算员。不过4年后，他已经是国家建设部最年轻的中层领导。1988年，近30岁的潘杰客来到美国，一切从送外卖住地下室开始，6年后，被哈佛、剑桥、耶鲁三所大学的管理学院同时录取，1997年在哈佛完成学业后，前往欧洲，在上千名应聘者中，成为唯一被录用的德国奥迪的高级经理，后来作为奥迪中国大区首席顾问回到中国，成功运作了奥迪A6在中国的上市计划。就在让所有人艳羡的时候，他辞去了奥迪终身雇员的职务，加盟凤凰卫视，成为一个财经节目的主持人。他组建了自己的团队——泛华传播，致力于打造一档"国际的、最知名的、成功人士的、在中国有影响的脱口秀节目"。

上面所说的情况已足以让人刮目相看，其实还只是他跨国人生的一小部分。用他的自己的话说——除了"变化"没有什么是永恒的。

事实上,潘杰客真正吸引人的地方也许并不在于他的成功,而在于他的"失败"。

潘杰客在哈佛大学入学论文的开篇写道:"人生舞台上的表演层出不穷、跌宕起伏,它们可以是喜剧、悲剧、哑剧、歌剧、音乐剧、交响乐,不一而足。而我们在生命的不同时期却以不同的角色出现——主角、配角、编剧、导演、灯光师,甚至观众。"

人生如戏,潘杰客为自己编写并导演了一出最跌宕起伏的大剧。

"人是不能低头的,一旦低头,就再也不可能骄傲了。因为一个行动会养成一个习惯,低头一次,就会有第二次、第三次……

"很多人问我,在最困难的关头,是什么力量支撑着我不倒下、挺过去,我的答案是'心灵的骄傲'。在那种关键的时候,我不可能去考虑成功之后的鲜花与欢呼或失败者所将遭遇的冷遇和失落。我所想的是,我这个生命是否值得再为自己活下去。我通常会问自己:你能否超越自己? 超越了就是成功——不是事情上的成功,而是心理上的成功。 人在那种时刻,暴露出来的都是人性的弱点,我就是要战胜这种弱点。因为我追求的是心灵的纯粹和强大,一种心灵上的超越。

"内心必须有一种渴求,你可以改变自己,还可以通过自己去改变别人,这个社会、世界就会因此而改变。要在最广泛的范围去影响他人，把社会向更合理的方向推进，这种合理应该为大多数人带来福利。 这是个良好的愿望，为了这个愿望，要去做许多其他的事情，而这正是人生价值的体现，它带给我的满足是物质无法带来的。 在心灵痛苦时，常常会想，大千世界的痛苦又是多么深重。 走这条路的人注定是孤独的，精神和灵魂像吉卜赛人一样在这个世界流浪，如果这就是命运的话，我已做好准备并且毫不畏惧。"——这是一个理想主义者的自白，是一个勇敢者的宣言，是潘杰客不变的信念。 这是一种怎样的超越？ 怎样的智慧？ 他是一个把目标与成功分得很清的人，成败得失已无关紧要，他追求的只是一个目标、一种执着、一份毅力。 对一个人来说，可以没有成功，却不能没有目标。 目标有时候很简单，却需要足够的信心与毅力去追求。 成功有时候很遥远，却与目标只咫尺之隔。

真正的伟大只有一种，就是看清这个世界的本来面目，并且去热爱它。 作为一个自然人，潘杰客无疑非常伟大，这种伟大表现在他始终恪守着自己的原则，给高贵的心灵一个美丽的住所，哪怕是遭遇到最大的阻力，也要想办法抵达胜利的彼岸。

找准
自己的位置

给自己定好位，人生就不会有那么多的烦恼，人生也将从此而精彩。

在水生动物中，螃蟹是横着走路的，河虾倒退着走路。它们怪异的行走方式引来了不少嘲笑和讥讽。一天，敏捷矫健的银鱼嘲笑说："螃蟹你真笨！横着走路！如果旁边有障碍物你怎么走啊？"聪明的章鱼也插嘴讥讽道："河虾更傻，向前走多顺啊，可它偏偏倒着走，何时才能到头啊？"螃蟹和河虾听见了，只是淡淡一笑。它们心里知道，选择什么样的行走方式，是根据自己的身体情况决定的。只要有自知之明，了解自己的特点，把握好方向和目标，给自己定好位，横着走或者倒着走，都是一种前进的姿态。

人最可贵的是有自知之明，即使这无助于发现真理，它至少也是一项生活准则。法国著名画家安格尔曾说："我在日常生活中严守着一个美好的准则：'贵在自知之明'，我以此来鞭策自己。"

齐庄公乘车出游的时候,在路上看见一只小小的螳螂伸出前臂,准备去阻挡车子的前行,齐庄公非常惊讶。车夫就告诉齐庄公:"这种虫子凡是看到对手,就会伸出自己的前臂,想要抵挡对手的进攻,却往往没想过自己的力量有多大,所以经常被车压死。"

这就是成语"螳臂当车"的由来,以此来比喻那些没有自知之明、不自量力的人。

张丽工作的那家公司倒闭半年了,她依然没有找到新工作。不是没公司愿意录用她,而是她在原来那家公司工作时月薪为4000元。所以她发誓一定要找一份月薪不低于4000元的工作。父亲得知她的想法,要她跟着一起去卖菜。

其他菜父亲卖的和别人一个价,而唯有白菜,人家卖5毛钱一斤,父亲非卖8毛钱一斤。父亲说自己的白菜是全市最好的,可一连几个人来问过价后都嫌贵。

她有点着急了,对父亲说:"我们也降为5毛钱一斤吧。"

父亲不同意:"我们的白菜是整个菜市场里最好的,不愁没有人买。"

有个人来问价钱了,非常喜欢她家的白菜,但就是嫌贵。那人软磨硬泡,最后一跺脚狠狠心说:"7毛一斤,我都要了。"可父亲仍然一分钱也不让。

时间一分一秒过去了,市场内的菜价也在慢慢下跌。许多菜农的白菜都卖完了,没有卖完的因为是挑剩下的而卖到4毛钱一斤,但父亲却只降价到6毛钱一斤。她急了,建议父亲也卖4毛钱一斤,但父亲仍不同意,他仍坚持说自家的白菜是最好的。

中午过后,不能隔夜卖的白菜已被降价到了 2 毛一斤。黄昏时分,有的人干脆开始卖 1 元一大棵。而她家的白菜经过一天的日晒已经毫无优势可言,但父亲仍然坚持不降价。天快黑时,一个中年妇女过来问:"这堆白菜 5 块卖不卖?"看来不卖就只有拿回家自己吃了,于是父亲就卖了。

回家的路上,她埋怨父亲太固执,以至于白白浪费机会,反而少卖了好多钱。父亲没有反驳,只是笑了笑,意味深长地说:"总以为早上能以 8 毛的价格把白菜卖掉,谁知越等越不值钱。"

她深深地被父亲的话触动了,心想:我不就是这样吗?于是第二天,她就到一家公司上班了,月薪 2500 元。

我们常常说的不能眼高手低,就是这个意思:不能将自己定位太过高于本身所处的位置。对本属于自己的位置不屑一顾,只会换来不断的碰壁。尤其在自己处于低谷的时候,更应该正确认识到自己所处的环境,正确估量自己,然后才能一步一个脚印地往上攀登。

是火柴你就发光,是轮胎你就奔跑,是音箱你就歌唱。每一样东西每一个人都有自己的特点和使命,只有找准了自己的位置,人生才有成功的可能。

PART 03

在最深的绝望里,
遇见最美丽的风景

善于等待的人，
一切都会及时到来

在现实生活中，常有人犯浮躁的毛病。他们做事情往往既无准备，又无计划，只凭脑子一热、兴头一来就动手去干。他们不是循序渐进地稳步向前，而是恨不得一锹挖成一眼井，一口吃成大胖子。结果呢，必然是事与愿违，欲速则不达。

古时候有兄弟二人，很有孝心，每日上山砍柴卖钱为母亲治病。神仙为了帮助他们，便教他们二人，可用4月的小麦、8月的高粱、9月的稻、10月的豆、12月的雪，放在千年泥做成的大缸内密封49天，待鸡叫3遍后取出，汁水可卖钱。兄弟二人各按神仙教的办法做了一缸。待到49天鸡叫2遍时，老大耐不住性子打开缸，一看里面是又臭又黑的水，便生气地将水洒在地上。老二坚持到鸡叫3遍后才揭开缸盖，里边是又香又醇的酒，所以"酒"与"洒"字差了一小横。

当然，酒字的来历未必如此。但这个故事却说明了一个深刻的道理：成功与失败，平凡与伟大，两者之间的距离往往就在一步之间，咬紧牙关向前迈一步就成功了；停住了，泄气了，只能是前功尽弃。这一步就是韧劲的较量，是意志力的较量。

我们的社会，已进入了兴旺时期，许多新鲜的外来事物都纷纷涌了进来。花花世界的花花事物，难免会对人产生极大的诱惑，而这极大的诱惑，会使人变得浮躁。许多人会想，我为什么不能拥有这些东西呢？别人可以拥有，我为什么不可以呢？

在这样的心态之下，人就容易浮躁起来，很想自己一下子能取得很多物质上的东西，能享受到自己以前享受不到的东西。

可是，事情就是这样，你越着急，就越不会成功。因为着急会使你失去清醒的头脑，结果，在你的奋斗过程中，浮躁占据着你的思维，使你不能正确地制订方针、策略以稳步前进。结果呢，自然适得其反。

许多年轻人就是这样，给自己确立了"3年计划""5年计划"，下定决心要在3年内赚3000万，5年内成为一个亿万富豪。

这些年轻人之所以制订这样的计划，也许，他们心目中的学习榜样正是李嘉诚。可他们这个时候却忘了，李嘉诚之所以成功，之所以成为华人首富，不是靠什么"3年计划""5年计划"，而是一步一个脚印，通过几十年而绝不仅仅是几年的奋斗得来的，而他的奋斗也是充满了艰辛与坎坷的。这些艰辛与坎坷，我们现在说起来好像挺轻松，一下子就过去了,而在当时,他是一天一天、一小时一小时、一分一分、一秒一秒地挨过来的。 对这分分秒秒的艰辛与坎坷的体味,需要多大的毅力与意志啊! 一个浮躁的人,是不会细心地去品味这些滋味的,也许,他们一尝到这样的滋味,就马上退却了。 而李嘉诚,作为一个稳健的人,他深知:这样的苦难是必定要经受的过程,只有经受这些苦难才能赢得最终的甜美。

一个不浮躁的、稳健的人,通常也是一个不断地要求自己、完善自己、使自己不断适应时代与社会变革的人。 也只有这样的人,才会最终取得成功。

只有不浮躁,才会吃得了成功路上的苦。

只有不浮躁,才会有耐心与毅力一步一个脚印地向前迈进。

只有不浮躁,才会制订一个接一个的小目标,然后一个接一个地实现它,最后走向大目标。

只有不浮躁,才不会因为各种各样的诱惑而迷失方向。

人这一辈子
总有一个时期
需要卧薪尝胆

看一个人是否成功,我们不能看他成功的时候或开心的时候怎么过,而要看其在不顺利的时候,在没有鲜花和掌声的落寞日子里怎么过。有句话这么说:"在前进的道路上,如果我们因为一时的困难就将梦想搁浅,那只能收获失败的种子,我们将永远不能品尝到成功这杯美酒芬芳的味道。"

在中国商界,史玉柱非常有代表性。

他曾经是20世纪90年代最叱咤风云的商界人物,但也因为自己的张狂而一赌成恨,血本无归。下了很大的决心后,史玉柱决定和自己的三个部下爬一次珠穆朗玛峰,那个他一直想去的地方。

"当时雇一个导游要八百元,为了省钱,我们四个人什么也不知道就那么往前冲了。"1997年8月,史玉柱一行四人从珠峰5300米的地方往上爬。要下山的时候,四人身上的氧气用完了。走一会儿就得歇一会儿。后来,又无法在冰川里找到下山的路。

"那时候觉得天就要黑了,在零下二三十摄氏度的冰川里,如果等到明天肯定要冻死。"

许多年后,史玉柱把这次的珠峰之行定义为自己的"寻路之旅"。之前的他张狂、自傲,带有几分赌徒似的投机秉性。33岁那年刚进入《福布斯》评选的中国大陆富豪榜前10名,两年之后,就负债2.5亿,成为"中国首负",自诩是"著名的失败者"。珠峰之行结束之后,他沉静、反思,仿佛变了一个人。

不管在高耸入云的珠穆朗玛峰上,史玉柱找没找到自己的路,但一番内心的跌宕在所难免。不然,他不会从最初的中国富豪榜第8名沦落到"首负"之后,又发展到如今的百亿身价。其中艰辛常人必定难以体会。正因如此,有人用"沉浮"二字去形容他的过往,而史玉柱从失败到重新崛起的经历,也值得我们长久地铭记。

20世纪90年代,史玉柱是中国商界的风云人物。他通过销售巨人汉卡迅速赚取超过亿元的资本,凭此赢得了巨人集团所在地珠海市第二届科技进步特殊贡献奖。那时的史玉柱事业达到了顶峰,自信心极度膨胀,似乎没有什么事做不成。也就是在获得诸多荣誉的那年,史玉柱决定做点"刺激"的事:要在珠海建一座巨人大厦,为城市争光。

大厦最开始定的是18层,但后来大厦层数节节攀升,最终飙到72层。此时的史玉柱就像打了鸡血一样,明知大厦的预算超过10亿,手里的资金只有2亿,还是不停地加码。最终,巨人大厦的轰然倒地让不可一世的史玉柱尝尽了苦头。他曾经在最后的关头四处奔走寻觅资金,但"所有的谈判都失败了"。

随之而来的是全国媒体的一哄而上，成千上万篇文章骂他，欠下的债也是个极其恐怖的数字。史玉柱最难熬的日子是1998年上半年，那时，他连一张飞机票也买不起。"有一天，为了到无锡去办事，我只能找副总借，他个人借了我一张飞机票的钱，1000元。"到了无锡后，他住的是30元一晚的招待所。女招待员认出了他，没有讽刺他，反而给了他一盆水果。那段日子，史玉柱一贫如洗。如果有人给那时的史玉柱拍摄一些照片，那上面的脸孔必定是从极度张狂到失败后的落寞，焦急、忧虑是史玉柱那时最生动的写照。

经历了这次失败，史玉柱开始反思。他觉得性格中一些癫狂的成分是失败的主要原因。他想找一个地方静静，于是就有了一年多的南京隐居生活。

在中山陵前面的一块地方，有一片树林，史玉柱经常带着一本书和一个面包到那里充电。那段时间，他读了毛泽东的书，其中有第五次反"围剿"及长征的内容，在史玉柱看来，这些内容都比较悲壮。那时，他每天十点多起床，然后下楼开车往林子那边走，路上会买好面包和饮料。下属在外边做市场，他只用手机遥控。晚上快天黑了就回去，在大排档随便吃一点儿，一天就这样过去了。

后来有人说，史玉柱之所以能"死而复生"，就是得益于那时候的"卧薪尝胆"。他是那种骨子里希望重新站起来的人。事业可以失败，精神上却不能倒下。经过一段时间的修身养性，他逐渐找到了自己失败的症结：之前的事业过于顺利，所以忽视了许多潜在的隐患。不成熟、盲目自大、野心膨胀，这些就是他性格中的不安定因素。

他决心从头再来，此时，史玉柱身体里坚强的秉性体现出来。他在那次珠峰以及多次"省心"之旅后踏上了第二次创业之路。这次事业的起点是保健品脑白金。

因为之前的巨人大厦事件，全国上下已经没有几个人看好史玉柱。他再次的创业只是被更多的人看作赌徒的又一次疯狂。但脑白金一经推出，就迅速风靡全国，到2000年，月销售额达到1亿元，利润达到4500万元。自此，巨人集团奇迹般地复活。虽然史玉柱还是遭到全国上下诸多非议，但不争的事实却是，史玉柱曾经的辉煌确实慢慢回来了。

赚到钱后，他没想到为自己谋多少私利，他做的第一件事就是还钱。这一举动，再次使其成为众人的焦点。因为几乎没有人能够想到史玉柱有翻身的一天，更没想到这个曾经输得一贫如洗的人能够还钱，但他确实做到了。

认识史玉柱的人，总说这些年他变化太大。怎么能没有变化呢？一个经历了大起大落的人，内心总难免泛起一些波澜。而对于史玉柱，改变最多的，大概是心态和性格。几番沉浮，很少有人再看到他像早些年那样狂热、亢奋、浮躁，更多的是沉稳、坚忍和执着。即使在十分危急的关头，他也是一副胸有成竹、不慌不忙的样子。

回想自己早年的失败时，史玉柱曾特意指出，巨人大厦"死"掉的那一刻，他的内心极其平静。而现在，身价百亿的他也同样把平静作为自己的常态。只是，这已是两种不同的境界。前者的平静大概像一潭死水，后者则是波涛过后的风平浪静。起起伏伏，沉沉落落，有些人就是在这样的过程中变得强大和不可战胜。 良好的性情和心态是事业成功的关键，少了它们，事业的发展就可能徒增许多波折。

　　人生难免有低谷的时候，此时我们需要的是忍受寂寞，卧薪尝胆。 就像当年越王勾践那样，三年的时间里，作为失败者他饱受屈辱，被放回越国之后，他选择了在寂寞中品尝苦胆，铭记耻辱，奋发图强，最终得以雪耻。

　　不要羡慕别人的辉煌，也不要眼红别人的成功，只要你能忍受寂寞，满怀信心地去面对困难，默默付出，相信生活一定会给你丰厚的回报。

不眼红别人的辉煌，心中只装着自己的目标

别人的人生再辉煌，你也感受不到任何光和热，别人的辉煌与自己毫无关联，你所能做的就是耐住寂寞，认准自己的目标，然后一步步地向自己的目标迈进，千万不要被别人的成功晃花了眼。

在 2006 年之前，低调的张茵对于大众而言还是一张很陌生的面孔。一夜间，"胡润百富榜"将这一当年中国女首富推出水面，这个颇具传奇色彩的商界红颜瞬间成为公众瞩目的焦点。

在美国《财富》杂志"2007 年最有影响力商业女性 50 强"中，她被称为"全球最富有的白手起家的女富豪"！张茵已成为这个时代平民女性的榜样。

玖龙造纸有限公司，当这一企业红遍大江南北时，张茵也因此赢得了"废纸大王"的美誉。这个东北姑娘当年的泼辣闯劲儿至今还留在亲人的脑海里。

张茵出生于东北，走出校门后，做过工厂的会计，后在

深圳信托公司的一个合资企业里做过财务工作。1985年,她曾有过当时看来绝好的待遇:分配住房,年薪50万港币……然而,张茵却只身携带3万元前往香港创业,在香港的一家贸易公司做包装纸的业务。

一直指导张茵的财富法则就是做事专注而坚定,看准商机就下手,全心全意去做事。对于中国四大发明之一的传统行业——造纸业,张茵情有独钟,倾注了很多的心血,她的足迹随着纸浆的流动遍布全球。最初入行的张茵以"品质第一"为本,坚决不往纸浆里面掺水,因而触犯同行的利益吃尽了苦头,她曾接到黑社会的恐吓电话,也曾被合伙人欺骗。从未退缩的张茵凭借豪爽与公道逐渐赢得了同行的信任,废纸商贩都愿意把废纸卖给她,尽管她的粤语说得不好,但是诚信之下,沟通不是问题。

6年时间很快过去,赶上香港地区经济蓬勃发展的张茵不但站稳了脚跟,而且还在完成资本积累的同时,把目光投向了美国市场。因为有了在香港地区积累的丰富创业经验和一定的资本,加之美国银行的支持,1990年起,张茵的中南控股(造纸原料公司)成为美国最大的造纸原料出口商,美国中南有限公司先后在美国建起了7家打包厂和运输企业,其业务遍及美国、欧亚各地,在美国各行各业的出口货柜数量中排名第一。

成为美国废纸回收大王后,独具慧眼的张茵有了新的想法:做中国的废纸回收大王!1995年,玖龙纸业在广东东莞投资建厂。12年后,玖龙纸业产能已近700万吨,成为一家市值300多亿港元的国际化上市公司……

从张茵的身上，我们看到了她的专注与坚定。全心全意地做好一件事，无论遇到什么困难与挫折，只要沉着应对，都可以化险为夷。

有人说，挡住人前进步伐的不是贫穷或者困苦的生活环境，而是内心对自己的怀疑。但是，如果一个人内心始终装着自己的目标，并且能够耐得住寂寞，静下心来学着为自己的目标积累能量，坚定不移地为实现自己的目标而努力，那么即使他贫穷到买不起一本书，仍然可以通过借阅来获得知识。

人若是耐不住寂寞，老是眼红别人的成就，则不免会产生愤懑之心，看不惯别人取得的成就，要么悲叹命运之苦，要么控诉社会不公，这样一来，难免会让自己陷入负面情绪中，而影响自己的前程。

乐观的人看到希望，
悲观的人只看到绝望

乐观与悲观是两种截然不同的人生态度。乐观的人对自己、他人、世界、未来充满信心，凡事总能从积极的、正面的角度去考虑，因而能在困境中看到希望，找到出路；悲观的人对自己、他人、世界、未来缺乏信心，凡事总从消极的、负面的角度去考虑，因而在光明中总能看到阴暗，感到绝望。

面对同样的启明星，乐观者会说，虽然摘不到，却永远在前头；而悲观者则会说，虽然在前头，却永远摘不到。面对燃烧的蜡烛，乐观者会说，虽然燃烧了自己，却照亮了别人，真值得；而悲观者会说，虽然照亮了别人，却毁灭了自己，太可悲。乐观与悲观决定着一个人对事物的看法，决定着一个人心情的快乐与郁闷，决定着一个人行为的积极与消极，决定着一个人前途的光明与暗淡。

悲观者说，希望是地平线，就算看得见，也永远走不到。

乐观者说，希望是启明星，即使摘不到，也能告诉人们曙光就在前头。

乐观的人习惯用积极的方式解释问题，悲观的人会把问题做负面解释。

乐观的人会把差别抛诸脑后、拒绝停留在问题上，悲观的人认为问题是他们的短处或是他们产品服务不良的证明。乐观的人会不断地去思考如何做才能做得更好，而悲观的人往往停留在自己做错的地方，变得堕落沮丧。

悲观的想法很少落空，假如你预期某事会有不妙的结果，结果也许会真的不妙。相反，乐观主义者认为，假如预期会有好事发生，通常它就会发生。乐观和成功似乎存在着一种自然的因果关系。

乐观和悲观都具有强大的力量，我们每个人都必须从中做出选择以塑造人生观与未来。我们可以选择笑也可以选择哭，可以选择祝福也可以选择诅咒。该从哪个角度看待我们的人生，是满怀希望还是悲观失望，那是我们的选择。

如果你是一个乐观主义者，你会更关心问题的解决，而不是无谓地吹毛求疵。

在最深的绝望里，
遇见最美丽的风景

所谓绝境，不过是成功前的一个热身，蹲下身、屈起臂膀、起跳……这一个个动作，都是为最后那完美的冲刺所做的精心准备。因此，不管你现在顺利与否、灰心与否，请记住：天无绝人之路，更无绝人之境。面对人生接踵而至的绝境，要坚定地告诉自己：我一定能在最深的绝望里，遇见最美丽的惊喜。

当你被命运无情捉弄，当你的生活一无所有，当你失去亲人和朋友，当你的肢体变得残缺，请不要绝望，因为你还有最宝贵的东西——生命。所以不管遭受了多么大的打击，也不要放弃活下去的念头。父母赐予我们生命，我们就该好好珍惜。看看那些为了生存苦苦挣扎的人，他们都在为生存而努力勇敢地走下去。

跌倒了爬起来继续往前走，放弃堕落和脆弱，只要活着，就有希望。

也许你以为自己深陷绝路，你认为所有的努力都是徒劳的,其实,再坚持一会儿,再试一下,就有可能看到胜利的曙光。 很多时候,打败你的不是对手,也不是外部的环境,而是你自己的脆弱。 并不是生活把你逼上了绝路,而是你自己把自己拉向了深渊。 不管身处什么样的境地,都不要用绝望代替希望,只要有希望与你同在,总会出现柳暗花明又一村的转机。

如果抱着巨大的热情和坚强的意志去改变现实,你就能掌控自己的命运。

只有多吃一点儿苦,才能磨炼出克服困难的勇气。 只要我们有突破困境的信心,就不会惧怕黎明前的黑暗。 只要我们能再坚持一下,再努力一回,迈出自己自信的步伐,完成这最后也是最关键的一步,就一定能进入成功的殿堂。

信念是溺水时的救生圈，
只要不松手，希望就在

如果没有信念，那我们的一生只能沦于平庸。

信念其实不神秘，不过是困境中的一种心理寄托，它就像饥渴时的一个苹果，就算不吃只是看着，也足以让自己度过难耐的时刻；就像溺水后的一个救生圈，只要牢牢抓住不放，坚定活下去的信心，就一定能看见生的希望。一个坚持自己信念的人，永远也不会被困难束缚，因为信念是打开枷锁的钥匙，它可以将你从恶劣的现状中解救出来，还你意料之外的圆满结局。

正因为有美好的追求才诞生了无数斑斓的梦想，正因为有坚强的信念才催生了无数坚挺的身影。信念的力量是伟大的，它支持着人们生活，催促着人们奋斗，推动着人们进步，正是它，创造了世界上一个又一个的奇迹。在生命最脆弱的危急时刻，信念能让你爆发出超乎想象的力量。

天才小提琴家马莎患有癫痫症，一直以服药控制病情。直到有一天药物都不起作用了，医生无奈之下割除了她一部分脑叶。之后她动过多次手术，但奇怪的是，每一次手术都没有影响她的演奏能力。后来医生才发现，原来在马莎很小的时候，她的大脑就已遭到破坏，原脑叶被其他脑叶所取代，演奏能力得以存留。

一个大脑遭到破坏的人竟有如此非凡的成就，简直就是一个奇迹，而这个奇迹的创造不能不说是由马莎坚强的信念支撑而产生的。信念的力量是惊人的，它可以改变恶劣的现状，带给人们无限的希望，缔造令人难以置信的神话。一个没有信念或者不能坚持信念的人，只能平庸地过一生；而一个坚持信念的人，永远也不会被困难击倒。信念是推动一个人走向成功的动力，拥有信念的人永远不会被眼前的困难吓倒，也不会迷失前进的方向，因为他们的心里有永不放弃的目标。

著名的胡达·克鲁斯老太太在 70 岁高龄之际才开始学登山，别人都认为她的举动只不过是闹着玩玩，她那老迈的身体根本不可能登上山峰。但老太太始终坚信一个人能做什么事不在于年龄的大小，而在于怎么做。她凭着自己坚定的信念，一次次突破生命的极限，最后成功地登上了几座世界上有名的高山。而且她还在 95 岁那年，成功登上了日本的富士山，打破了攀登此山年龄的最高纪录。

影响我们人生命运的绝不是环境，而是我们持有什么样的信念。当信念开始在心中矗立起来时，我们离成功的目标就越来越近了。

事实上，生活中谁都难免遭遇"溺水"的困境，无论遭受多少艰难，无论经历多少困苦，只要心中不失信念的力量，总有一天会突出重围，让生命之花绽放得更加灿烂。

有个好心态，
才会有个好人生

生活中经常看到互不相让的争吵场面，也经常听到有人怨声载道地抱怨，要么是工作方面，要么是福利方面，要么是朋友、同事、邻里、婆媳关系方面，其实这些争吵与抱怨完全可以避免，这里涉及一个心态和心境的问题。

拥有好心境的人，看别人、看自己都是美丽的。拥有好心境的人，宽容、耐心、细心；拥有好心境的人，有良心、善心、爱心；拥有好心境的人，有好人缘、好运气、好前程；拥有好心境的人，积极、乐观、长寿。

所有的事情都是客观的，不以人的情绪为转移，就算你再痛苦、难过，也改变不了已经发生的事情。所谓坏，也不过是自己的心对它下的定义。好的程度、坏的程度，都是你的心衡量出来的，事情对你的影响程度也是你自己用心臆造出来的。心的判断，决定了你的态度，决定了你的心情，你的心情又决定了你的生活，决定了你以后做事情的态度。

有不少人，当经过一段时间的努力而没有达到预定目标时,便灰心丧气,认为这件事自己永远都做不成,从而忽视了自身力量的壮大和外界条件的改变,于是放弃了实现目标的努力。久而久之,形成了思维定式,陷入失败的教训中爬不出来,以致丧失唾手可得的机会,最终一事无成。

好的心态会使人快乐向上、充满希望、有朝气;幽暗的心态则使人失落、难过,失去快乐感。你认为自己是什么样的人,你就会成为什么样的人。喜与悲,成和败,仅系于一念之间,这一念即是心态,心态决定命运。既然心态如此重要,那么怎样才能保持一种积极向上的心态呢?

想拥有一个好的心态,关键要学会调节自己。

最简单有效的做法是:用积极的心理暗示替代消极的心理暗示。当你想说"我不行,我太差劲"的时候,要马上替换成"不,我还有希望,我一定能行"。

唯有你觉得自己能行的时候,一切才会有"行"的可能。

PART 04

勇气在哪里，
生命就在哪里

勇谋大事而失败，
强如不谋一事而成功

生命是一连串的奇迹与不可能组合而成的，未来会如何？没有任何人能把握，冒险才是生命的真谛。

有一天，龙虾与寄居蟹在深海中相遇，寄居蟹看见龙虾正把自己的硬壳脱掉，只露出娇嫩的身躯。寄居蟹非常紧张地说："龙虾，你怎可以把唯一保护自己身躯的硬壳也放弃呢？难道你不怕有大鱼一口把你吃掉吗？以你现在的情况来看，连急流也会把你冲到岩石上去，到时你不死才怪呢！"

龙虾气定神闲地回答："谢谢你的关心，但是你不了解，我们龙虾每次成长，都必须先脱掉旧壳，才能生长出更坚固的外壳，现在面对的危险，只是为了将来发展得更好而做出准备。"

寄居蟹细心思量一下，自己整天只找可以避居的地方，而没有想过如何令自己成长得更强壮，整天只活在别人的荫庇之下，难怪自己永远都会被限制发展。

每个人都有一定的安全区，你想跨越自己目前的成就，就不要画地自限。勇于接受挑战，充实自我，才会发展得比想象中更好。

"衰老的重要标志，就是求稳怕变。所以，你想保持年轻吗？你希望自己有活力吗？你期待着清晨能在新生活的憧憬中醒来吗？有一个好办法——每天都冒一点儿险。"

在美国优山美地国家公园，有一块垂直高度超过300米的大石，几乎是笔直的岩面，寸草不生。除了中段有个很小的岩洞可以栖身过夜外，整块石头可以说是毫无立足之地。只要光顾这里，导游就会指着这块光秃秃的石头对游客说："有一位因登山而失去了双腿的登山家曾经攀上了这块石头。当时电视现场直播，备受关注。"

这是怎样一种人，怎样一种精神。探险，之于当事人来说，并非寻求物质享受，正如张朝阳在珠峰脚下营地的日记中所写："我开始佩服那些勇敢攀登的人们。单只是虚荣心无法支撑他们面对如此极端而危险的挑战，在那个时刻，你不会想到成功归来的鲜花与喝彩。那……还有什么？那是对人生严肃认真态度的毅然选择！那是内心勇敢乐观的无言证明！那是对人类生命力强大的终极的歌颂与赞叹！"

精神的力量可以散布在人生的每一个角落，而这种体验也是一份生命的感动。

一位主管为了帮助一位长期保持稳定，但一直不愿晋升且无法突破的同事，煞费苦心却无法改变他。

有一天主管换了一种方式，问那位同事："倘若你的独生子小学毕业时愿意继续留在原小学，而不愿升初中，理由是如果这样的话，他就可以一直保持名列前茅的优势，而免除不及格和落后他人的顾虑。身为人父的你，会同意吗？"他不假思索地答道："当然不行，怎么可以因为怕不及格和成绩单不好看而留级呢？上学的目的并不在成绩单，而在不断地学习与成长，考试与竞争的压力正是帮助学习与成长的最好方法。我绝对不会同意小孩留级，这样会害了他一辈子的。"

　　主管在旁边不断地点头微笑，最后话题一转，提醒他说："身教重于言传，你自己应该是勇于接受挑战、突破竞争的时候了，别再担心无法达到目标及在与同行竞争中落后。如此因噎废食将使自己如同不愿升学的小孩，无形中遭到莫大的损失。"这位同事在猛然顿悟之后果然接受忠告，以最快速度晋升为高职级别，如同脱胎换骨一样。

　　每个人都会担心，怕定高目标后难以实现，怕晋升高职后会输给别人，但是唯有接受挑战与压力才能不断地突破与成长。因为勇谋大事而失败，强如不谋一事而成功。

负重的生命
如夏花灿烂

遭遇苦难时，肩挑重担时，不妨自豪地说一句，上帝把沉重的十字架挂在我的脖子上，那是因为我驮得动！让生命负重，其实就是让人在压力下得到锻炼，增长才干。就像船，没有负重的船会被大浪掀翻；就像心灵，没有思想的心灵会飘浮如云。

有两名大学生，毕业后进了某公司的同一个办公室。大学生甲出身农村，为人老实而踏实；大学生乙自幼在城市长大，为人圆滑，善搞人际关系。刚开始，两人分别干着分配给自己的那份工作，都干得很卖劲，也干得很不错。不久大学生甲发现主任竟把一些本属于乙的工作分给自己做，自己每天忙得像转个不停的陀螺，而乙却无所事事。后来听别人说乙的父亲同办公室主任关系密切。他虽心里不快，但想了想最终忍气吞声，继续工作。

但到后来，事情越来越出格，甲每天要干的事越来越多，几乎把乙的工作全做了，每天要加班到很晚，而乙却到办公室点个到就走了。甲觉得自己像一头老黄牛，背负的东西越来越沉，他终于忍无可忍，请了假回到乡下，准备辞职外出闯天下。乡下的父亲听了儿子的诉苦，反而高兴地说："真的？你一个人能把两个人干的事都做完了？"

"整天累死，工资又不多拿一分，有啥可高兴的？"儿子没好气地说。

父亲没有说话，随手拿了两张纸，使劲扔出一张，那纸飘飘摇摇落在跟前，然后老父亲又从地上捡了一块石头包进另一张纸里，随手一扔就扔出很远。"孩子，你看石头沉吗？可加了石头的那张纸却扔得远。年轻人多做些事，肩上压重一点儿的担子，能锻炼人，是好事！"

听了父亲的话，甲大为振奋，回单位仍干着原来的工作，而且更加积极、主动。不久，他一个人干两个人的事竟也能干得得心应手。

一年后，部门进行优化组合，甲荣升办公室主任，而乙却下岗了。

生活中人们往往容易陷入一个误区：盲目地羡慕轻松、舒适、没有压力却有着高回报的工作，可是市场经济时代还有这种工作吗？也有人希望自己的一生轻松自在、愉快无忧，没有痛苦和磨难，甚至连困难也没有，可是又有谁会有这样的运气呢？难道没有压力和困难的人生就是幸运的吗？

有这样一则寓言：

有两艘新造的船准备出海，一艘船上装了很多货物，另一艘船却什么也不肯装。它对装满货物的船说："老兄，你可真傻，装那么多东西压得多难受呀！你看我一身轻松，多自在啊！"

　　装满货物的船说："我们本来就是要装货的，什么也不装，那还叫船吗？"

　　出海的时间到了，它们都开始了自己的行程。 刚开始，海上风平浪静，那艘空船得意扬扬地行驶在前面，它一再嘲笑后面那艘船的笨重。 不久，大海上起了风浪，风越刮越猛，浪越来越高。 装满货物的船因为重心很稳，仍平稳地在风浪中穿行。 而那艘空船却被大浪掀翻，沉入海底。

　　其实人的一生要负载很多东西，比如苦难，比如沉重的生活和繁重的工作。 谁也不知道自己哪天会面临哪些沉重的东西，并把这些东西扛在肩上风雨兼程地向前赶路。 如果有些东西注定是我们无法逃避、必须面对的，不妨以一种积极的态度去面对。 人生什么时候起跑都不算晚，关键是不要怕负重，要积极进取。

微小的勇气
能赢得巨大的成功

美国心理学家斯科特·派克说：不恐惧不等于有勇气，勇气使你在尽管害怕，尽管痛苦时，依然继续向前走。在这个世界上，只要你真正地付出，就会发现许多门都是虚掩的！微小的勇气，能够助你打开那些虚掩的门。

不卑不亢，无论是对事还是对人都有一种极强的穿透力，如果你幸运，与生俱来就有这种品性，那么值得恭贺；如果你还没有养成这种品性，那么尽快培养吧！

有一个国王，他想委任一名官员担任一项重要的职务，就召集了许多威武有力和聪明过人的官员，想试试他们之中谁能胜任。

"聪明的人们，"国王说，"我有个问题，想看看你们谁能在这种情况下解决它。"国王领着这些人来到一座大门——一座谁也没见过的最大的门前。国王说："你们看到的这座门是我国最大最重的门。你们之中有谁能把它打开？"许多大臣见了这门都摇了摇头，其他一些比较聪明的人，也只是走近看了看，没敢去开这座门。当这些聪明人说打不开时，其他人也都随声附和。只有一位大臣，他走到大门处，用眼睛和手仔细检查了大门，用各种方法试着去打开它。最后，他抓住一条沉重的链子一拉，门竟然开了。其实大门并没有完全关死，而是留了一条窄缝，任何人只要仔细观察，再加上有胆量去试一下，都会把门打开的。国王说："你将要在朝廷中担任重要的职务，因为你不光限于你所见到的或听到的，你还有勇气靠自己的力量冒险去试一试。"

生活中很多事情都是如此，成功也许只需要你勇敢地试一试。

史东是"美国联合保险公司"的主要股东和董事长，同时，也是另外两家公司的大股东和总裁。

然而，他能白手起家，创下如此巨大的事业却是经历了无数次磨难的结果，或者我们可以这样说，史东的发迹史也是他勇气作用的结果。

在史东还是个孩子时，就为了生计到处贩卖报纸。有家餐馆老板把他赶出来好多次，他却一再地溜进去，并且手里拿着更多的报纸。那里的客人为其勇气所动，纷纷劝说餐馆老板不要再把他赶出去，并且都解囊买他的报纸。他的口袋里开始有了钱。

史东常常陷入沉思。"哪一点我做对了呢？""哪一点我又做错了呢？""下一次，我该这样做，或许不会被赶走。"就这样，他用自己的亲身经历总结出了引导自己达到成功的座右铭："如果你做了，没有损失，而可能有大收获,那就放手去做。"

史东16岁时,在母亲的指导下,走进了一座办公大楼,开始了推销保险的生涯。当他因胆怯而发抖时,就用卖报纸时被赶后总结出来的座右铭来鼓舞自己。

就这样,他抱着"若被赶出来,就试着再进去"的念头推开了第一间办公室。

他没有被赶出来,但那天只有两个人买了他的保险。从数量而言,他是个失败者。然而,这是个零的突破,他从此有了自信,不再害怕被拒绝,也不再因别人的拒绝而感到难堪。

第二天,史东卖出了4份保险。第三天,这一数字增加到了6份……

20岁时,史东设立了只有他一个人的保险经纪社。开业第一天,销出了54份保险单。有一天,他更是创造了一个令人瞠目的纪录:122份。以每天8小时计算,每4分钟就成交1份。

在不到30岁时,他已建立了巨大的史东经纪社,成为令人叹服的"推销大王"。

微小的努力能带来巨大的成功,想想当初,如果史东没有胆量去推开门,那他就只能选择放弃了。

1968年,在墨西哥奥运会百米赛道上,美国选手吉·海因斯撞线后,转过身子看运动场上的计时牌,当指示灯显示9.95的字样后,海因斯摊开双手自言自语地说了一句话,这一情景后来通过电视让全世界几亿人看到,但由于当时他身边没有话筒,海因斯到底说了什么,谁都不知道。直到1984

年洛杉矶奥运会前夕，一名叫戴维·帕尔的记者在办公室回放奥运会资料时好奇心大发，找到海因斯询问此事时，这句话才被破译了出来。 原来，自欧文创造了 10.3 秒的成绩后，医学界断言，人类肌肉纤维承载的运动极限不会超过每秒 10 米。 所以当海因斯看到自己 9.95 秒的纪录之后，自己都有些惊呆了，原来 10 秒这个门不是紧锁的，它虚掩着，就像终点那根横着的绳子。 于是兴奋的海因斯情不自禁地说："上帝啊！ 那扇门原来是虚掩着的。"

是啊，成功和失败之间就隔着一道虚掩的门，以小小的勇气去推开它，生活就会完全不一样。

胆识
是决战人生的利器

优秀的人需要勇气,需要胆识,需要气魄,需要开拓进取,去做别人不敢做的事。

台塑成立之初,碰到了一个极大的难题:公司生产的塑胶粉居然一斤也卖不出去,全部堆积在仓库里。王永庆经过调查后得出结论:产品销不出去的根本原因是价格太贵。

原来,王永庆在计划投资生产塑胶粉时,预计每吨的生产成本在800美元左右,而当时的国际行情是每吨1000美元,有利可图。然而,市场是变化无常的,等台塑建成投产后,国际行情已经跌至800美元以下。而台塑因为产量少,每吨生产成本在800美元以上,显然不具备竞争力,加上当时外销市场没打开,台湾岛内需求量不大,且认为台塑的塑胶粉品质欠佳,拒绝采用。因此,台塑的产品严重滞销。

为了解决这一困境,王永庆决定:扩大生产,降低成本。

在产品严重积压时扩大生产,显然有违常理,因此,王永庆的决定遭到公司内外一致反对。公司内部的反对意见更是强烈，他们主张请求政府管制进口加以保护，否则，现有的产量都销不出去，增加产量不是会造成更加沉重的库存压力吗？

王永庆认为，靠政府保护是治标不治本的短视行为，要想在市场上长期立足，唯一的办法就是增强自身竞争力。扩大生产虽然不一定能保证成功，但至少强于坐以待毙。

1958年，在王永庆的坚持下，台塑进行了第一次扩建工程，使月产量在原先100吨的基础上翻了一番，达到200吨。

然而，在台塑扩建增产的同时，日本许多塑胶厂的产量也在成倍增加，成本降幅比台塑更大。相比之下，台塑公司的产品成本还是偏高，依然不具备市场竞争力。怎么办？王永庆决定继续增产。不过，增产多少呢？如果一点一点往上加，始终落在别人后面，仍然不能改变被动局面，不如一步到位。

为此，王永庆召集公司的高层干部以及专门从国外请来的顾问共商对策。会上，有人提议，在原来的基础上再扩增一倍，即提高至月产量400吨，外国顾问则提出增至600吨。

王永庆提议：增至1200吨。这一数字惊得在场的所有人直发呆，他们怀疑是不是听错了。

外国顾问再次建议："台塑最初的规模只有100吨，要进行大规模的扩建，设备就得全部更新。虽然提高到1200吨，成本会大大降低，但风险也随之增大。因此，600吨是一个比较合理而且保险的数字。"他的意见得到大多数人认同。

王永庆坚持认为："我们的仓库里，积压产品堆积如山,究其原因是价格太高。 现在,日本的塑胶厂月产量达到5000吨,如果我们只是小改造,成本下不来,仍然不具备竞争能力,结果只有死路一条。 我们现在是骑在老虎背上,如果掉下来,后果不堪设想。 只有竭尽全力,将老虎彻底征服!"

终于,王永庆的胆识与气魄折服了所有人,包括外国顾问在内,都投了赞成票。

1960年,台塑的第二期扩建工程如期完成,塑胶粉的月产量激增至1200吨,成本果然大幅度降低,从而具备了市场竞争的条件。 此后,台塑的产品不但逐渐垄断了台湾岛内市场,而且漂洋过海,在国际市场上站稳了脚跟,并逐步拓展领地,成为世界塑胶业的霸主。

在危难的时候,是胆识让人坚定、明智地做出别人不敢做的决定。 有位法国哲学家曾经提出这样一个例证:假定有一匹驴子站在两堆同样大、同样远的干草之间,如果它不能决定应该先吃哪堆干草,就会饿死在两堆干草之间。

事实上,现实生活中的驴子是绝对不会在这样的情境中饿死的,它会很快地做出决定。 但是,你又不得不承认真有那么一些人,在需要他们出主意、想办法、做决定的时候,却像例证中的驴子那样束手无策,窘迫得进退两难。

在人生旅途中,有许多事需要我们做出决策。

遇事当断则断,当行则行,当止则止,在复杂环境和逆境中能及时做出各种应变和决策,绝不含糊和拖泥带水,这是一个能应付命运挑战的人必备的心理品质。

狭路相逢勇者胜

19世纪,在英国的名门学校——哈罗公学,常常会出现以强凌弱、以大欺小的事情。

有一天,一个强悍的高个子男生,拦在一个新生的面前,颐指气使地命令他替自己做事,新生初来乍到,不明白其中原委,断然拒绝。高个子恼羞成怒,一把揪住新生的领子,劈头盖脸地打过来,嘴里还骂骂咧咧:"你这小子,为了让你聪明点儿,我得好好开导开导你!"新生痛得龇牙咧嘴,却不肯乞怜求饶。

旁观的学生或者冷眼相看,或者起哄嬉笑,或者一走了之。只有一个外表文弱的男生,看着这欺凌的一幕,眼里渐渐涌出了泪水,终于忍不住嚷起来:"你到底还要打他几下才肯罢休!"

高个子朝那个又尖又细的抗议的声音望去,一看也是个瘦弱的新生,就恶狠狠地骂道:"你这个不知天高地厚的家伙,问这个干吗?"

那个新生用眼睛盯着他,毫不畏惧地回答:"不管你还要打几下,让我替他忍受一半的拳头吧!"

高个子听到这出人意料的回答,不禁怯懦地停了手。

从这以后,学校里反抗恶行暴力的声音开始响亮,帮助弱者的善举也逐渐增多,两个新生也成为了莫逆之交。那位被殴打的少年,深感爱与善的可贵,后来成为英国颇负盛名的大政治家罗伯特·比尔;挺身而出、愿为陌生弱者分担痛苦的,则是扬名世界的大诗人拜伦。

人生途中,我们也需要像拜伦一样,在别人只是畏惧地逃避或幸灾乐祸地观看时,能够拿出罕有的勇气,为了善,为了爱,也为启迪和震撼那些冷漠的心灵。

现实世界的很多斗争都是勇气的较量,常常是勇者得胜。只有具备一颗勇敢的心,我们才能发挥出超过平时双倍的力量,什么都不顾地冲向前方,甚至一鼓作气地到达终点。这就是为什么人们往往在危急时刻才能爆发出巨大潜力的原因。

柳宗元在《黔之驴》中写了这样一个故事:

贵州本没有驴,有个喜欢多事的人用船运进一头驴,运到之后却没有什么用途,就把它放在山脚下。一只老虎看到它是个形体高大、强壮的家伙,就把它当成神奇的东西,隐藏在树林中偷偷观看。过了一会儿,老虎渐渐靠近它,小心翼翼,不知道它究竟是个什么东西。

有一天,驴大叫起来,老虎吓了一大跳,逃得远远的,认为驴子将要咬自己了,非常害怕。可是老虎来来回回地观察它,感到它没有什么特殊本领,渐渐听惯了它的叫声,又试探地靠近它，在它周围走动，但终究不敢向驴进攻。老虎又渐渐靠近驴子，进一步戏弄它，冲撞、冒犯它。驴禁不住发起怒来，用蹄子踢老虎。老虎因而很高兴，心里盘算着说："它的本事不过如此！"于是跳起来大声吼着，咬断驴的喉咙，吃光它的肉，然后才离开。

  如果故事中的老虎被驴的叫声吓跑，再也不敢接近它，那老虎就永远不能享受这顿美餐。面对敌人一定要勇敢，你强他就弱，你弱他就强，很多时候，敌对双方的较量其实就是心理上的较量。缺乏勇气永远不会有大的成就。勇敢地面对你的敌人，有时会发现其实你并不懦弱，而且还会有超乎想象的强大力量。正如歌德所说：你若失去了财产，你只失去了一点；你若失去了荣誉，你就丢掉了许多；你若失掉了勇气，你就把一切都失掉了！如果你想得到，一定要具有勇敢地面对困难的态度。

理性的勇敢
才是最值得称道的勇敢

勇敢的定义只有一个，但勇敢的表现却可能多种多样。

有这样一个故事：

老板招聘雇员，有三人应聘。老板对第一个应聘者说："楼道有个玻璃窗，你用拳头把它击碎。"应聘者执行了，幸亏那不是一块真玻璃，不然他的手就会严重受伤。老板又对第二个应聘者说，这里有一桶脏水，你把它泼到清洁工身上去，她此刻正在楼道拐角处那个小屋里休息。你不要说话，推开门泼到她身上就是了。这位应聘者提着脏水出去，找到那间小屋，推开门，果见一位女清洁工坐在那里。他也不说话，把脏水泼在她头上，回头就走，向老板交差。老板此时告诉他，坐在那里的不过是个蜡像。老板最后对第三个应聘者说："大厅里坐着个胖子，你去狠狠地击他两拳。"这位应聘者说："对不起，我没有理由去打他，即便有理由，我也不能用击打的方法。我因此可能不会被您录用，但也不会执行您这样的命令。"此时，老板宣布，第三位应聘者被聘用，理由是他是一个勇敢的人，也是一个理性的人。他有勇气不执行老板的荒唐的命令，当然也更有勇气不执行其他人的荒唐的命令。

戴高乐将军也碰到过这样的勇敢者。那是1965年，巴黎的学生、市民走上街头，要求当时任总统的戴高乐下台。戴高乐来到了德国的巴登——法军驻德司令部设在这里。戴高乐要求驻德法军司令带兵回到巴黎平息抗议。但戴高乐的两次要求都遭到了那位驻德法军司令的拒绝，还被劝说放弃这个命令。后来戴高乐非常感谢那位司令，称颂那位司令勇敢地拒绝了他的命令。他还写信给那位司令的妻子，说这是上帝在他无能为力时让他来到巴登，又是上帝让他碰到那位司令。不然，他就可能是历史的罪人了。

三个应聘者，前两个坚决执行老板的命令，好像也无可厚非，但后一个拒绝执行老板的荒唐的命令，则更值得赞誉。至于驻德法军的那位司令，敢于拒绝执行当时作为法国总统的戴高乐的有违民意、有违民主原则和精神的命令，就更难能可贵。这在专制制度的国家简直是不可思议的。所以勇敢不勇敢，不只是一种行为的体现，其中也包含着理性，包含着道义。没有理性的、缺乏理性的勇敢，没有道义的、缺乏道义的勇敢，不值得推崇。

就勇敢而言，绝对执行命令的勇敢者多，而敢于抗拒执行荒唐的命令的勇敢者少。因为权力者一般都竭力提倡、培养绝对的执行这种勇敢者，而对敢于抗拒自己荒唐命令的勇敢者深恶痛绝，即便他发现了自己的荒唐，对那些敢于抗拒自己荒唐命令的勇敢者也绝不宽恕。以致有些明明是错误的东西，是荒谬的东西，是反科学的东西，是违法违纪的东西，因为是权力者指使，因为有权力者撑腰，有的人也会去执行。

勇敢是一个褒义词，它所体现的是一种美好品德。但勇敢确实还有一个是与非的前提。勇敢不是盲从，不分是非的、没有理性的绝对执行命令的勇敢是一种可怕的勇敢，也是一种愚蠢的勇敢，更是一种专制者欣赏和欢迎的勇敢。而坚持真理的勇敢，敢于同谬误、荒唐、发疯对抗的勇敢，理性的勇敢才是最值得称道的勇敢。

勇气在哪里，
生命就在哪里

"应当惊恐的时候，是在不幸还能弥补之时；在它们不能完全弥补时，就应以勇气面对。"

从著名女作家乔治·艾略特的自传中，人们终于知道了她为什么没有与赫伯特·斯宾塞结婚。那不是她的错，因为她非常爱他，非常想与他结婚。他们有很多共同之处，他也追求她很多年，很多人都以为他们将要结婚。

有一天，斯宾塞用抛硬币来决定是否结婚，他事先想好，如果是正面就结婚，如果是反面就不结婚。结果硬币是反面，他决定不结婚。这个决定既残酷，又草率。这深深地伤害了艾略特，因为她深深地爱着他，也期待着他的爱。她很痛苦。

在心碎数月之后，她写信给一位朋友说："我很好，很'勇敢'，我本来想把这个词换成'快乐'的。"当然，她也是幸运的，因为斯宾塞像一头蠢猪一样冷酷、抽象而又易怒。如果他们结婚，她所受到的痛苦可能更大，更不用说斯宾塞常年有病了。

实际上，这可以称得上是一种幸运的解脱方式。斯宾塞的个性僵硬，很多人认为他的哲学也是僵硬的。用抛硬币来决定终身大事，这样的行为如果不是出于自私，那他的心理肯定有问题。由于斯宾塞一生未婚，可以说，对于其他女性来说，这也是幸运的。

当我们知道"勇气"可以代替"快乐"时，我们是幸运的，只是因为它揭示了生活中的一个事实。虽然我们失去了一些东西，但是，我们同时也有所得。即使我们没有运气，我们也可以有勇气。运气是变幻无常的，它会赋予一个人名声，赋予另一个人财富，并且可以毫无理由。勇气却是一个稳固而又可以依靠的朋友，只要我们信任它。

有句古老的谚语说："生来就拥有财富还不如生来就有好运。"这句话说得也许正确，但是，如果生来就拥有勇气则会更好。财富可能会挥霍一空，好运可能会掉头而去，而勇气则会常伴你左右。

正像乔治·艾略特面对失恋的痛苦一样，让我们用笑脸来迎接悲惨的厄运，用百倍的勇气来应付一切不幸。勇气在哪里，成功就在哪里；勇气在哪里，生命就在哪里。

PART 05

机遇没有彩排，
只能直播

果断出手，
莫对机会"欲说还休"

令人筋疲力尽的并不是事情本身，而是事前事后患得患失的心态。一个失败者的最大特征就是顾虑重重，犹豫不决。

伟大的作家雨果说过："最擅长偷时间的小偷就是'迟疑'，它还会偷去你口袋中的金钱和成功。"虽然我们没有100%的把握保证每一次决定都能获得成功，但是现实的情况就是等待不如决断。所以，在机会转瞬即逝的当代社会，等待就意味着放弃，成功者宁愿立即失败，也不愿犹豫不决。SAP公司的CEO普拉特纳曾说："我宁可做6个正确决定和4个错误决定，也不要犹豫等待。"

当恺撒大帝来到意大利的边境卢比孔河时，看似神圣而不可侵犯的卢比孔河使他的信心有所动摇。他心想，如果没有批准，任何一名将军都不允许侵略一个国家。此时他的选择只有两种——"要么毁灭我自己，要么毁灭我的国家"，最后他毅然做出决定，喊着"不要惧怕死亡"，带头跳入了卢比孔河。就是因为这一时刻的决定,世界历史随之而改变。

所以,获得成功的最有力的办法,是迅速做出决定,排除一切干扰因素,而且一旦做出决定,就不要犹豫不决,以免决定受到影响。有的时候犹豫就意味着失去。

古希腊有一位哲学家,饱读经书,富有才情,很多女子迷恋他。一天,一个女子来敲他的门,说:"让我做你的妻子吧!错过我,你将再也找不到比我更爱你的女人了!"哲学家虽然也很喜欢她,却回答说:"让我考虑考虑!"

哲学家犹豫了很久,终于下定决心娶那位女子。哲学家来到女子的家中,问女子的父亲:"你的女儿呢?请你告诉她,我考虑清楚了,决定娶她为妻!"女子的父亲冷漠地回答:"你来晚了10年,我女儿现在已经是3个孩子的妈了!"

哲学家听了,几乎崩溃。后来,哲学家抑郁成疾。临终,他将自己所有的著作丢入火堆,只留下一句对人生的批注——下一次,我绝不犹豫!

所以,面对选择时一定要迅速做出决断,哪怕做出错误的选择也好过犹犹豫豫。因为机会一旦错过了,便不会再来。

有一个小男孩,一天在外面玩耍时,发现一只不会飞的小麻雀,决定把小麻雀带回家喂养,但是想起应该先和爸爸说一声,取得他的同意。于是他想了想,决定先去找爸爸。

爸爸一听就同意了,可是等小男孩回来的时候,一只黑猫正好把地上的麻雀叼走吃了。小男孩伤心不已,暗暗下定决心：只要是自己认定的事情，绝不优柔寡断。后来这个小男孩成为电脑名人，他就是王安博士。

人生的道路上，许多机会都转瞬即逝。机会不会等人，如果犹豫不决，很可能会失去很多成功的机遇。

犹豫拖延的人没有必胜的信念，也不会有人信任他们。果断积极的人就不一样，他们是世界的主宰。放眼古今中外，能成大事者都是当机立断之人，他们快速做出决定，并迅速执行。

在确定圣彼得堡和莫斯科之间的铁路线时，总工程师尼古拉斯拿出了一把尺子，在起点和终点之间画了一条直线，然后用不容辩驳的语气斩钉截铁地宣布："你们必须这样铺设铁路。"于是，铁路线就这样确定了。

纵观历史，成功者比别人果断，比别人迅速，比别人敢于冒险，因此，能把握更多的机会。实际上，一个人如果总是优柔寡断，犹豫不决，或者总在毫无意义地思考自己的选择，一旦有了新的情况就轻易改变自己的决定，这样的人做不成任何事，只能羡慕别人的成功，在后悔中度过一生！

机会女神只青睐那些有准备的头脑

天下没有免费的午餐，机遇总是偏爱那些有准备的人。这两句话并不矛盾，所有的机会都是公平的，但并不表示所有人把握机会的概率是相同的，有准备的人把握机会的概率大很多。

在西方流传着这样一个故事：

许多年前，一位聪明的国王召集了一群聪明的臣子，给了他们一个任务："我要你们编一本各时代的智慧录，好流传给子孙。"这些聪明人离开国王后，工作了很长一段时间，最后完成了一本十二卷的巨著。

国王看了以后说："各位先生，我确信这是各时代的智慧结晶，然而，它太厚了，我怕人们不会读，把它浓缩一下吧。"这些聪明人又长期努力地工作，几经删减之后，将它变成了一卷书。 然而，国王还是认为太长了，又命令他们再浓缩。 这些聪明人把一卷书浓缩为一章，又浓缩为一页，然后减为一段，最后变为一句话。

国王看到这句话后，显得很得意。"各位先生，"他说，"这真是各时代智慧的结晶，并且各地的人一旦知道这个真理，我们大部分的问题就可以解决了。"

这句话就是："天下没有免费的午餐。"

第一个进入太空的中国人杨利伟，为什么那么幸运？听听他的话我们就能明白："现在我一闭上眼睛，座舱里所有仪表、电门的位置都能想得清清楚楚；随便说出舱里的一个设备名称，我马上可以想到它的颜色、位置、作用；操作时要求看的操作手册，我都能背诵下来，如果遇到特殊情况，我不看手册，也完全能处理好。"如果不是经过魔鬼般训练的重重考验，他怎么能在众多的后备人选中把握住机会呢？

充分的准备无外乎这些因素：

（1）创新意识

机遇是意外的、异常的，因而用常规方法抓住机遇是很困难的，这就需要有创新意识，能不断寻求新的对策和方法。

（2）判断力

在人们发现的机遇中，并不是每一个意外情况都有价值，都值得探索，都有成功的希望。这就需要准确判断，从各种机遇中抓住有希望的线索，抓住有价值、有潜在意义的线索。这一点对于确定是否进一步追寻机遇所提供的线索有决定性意义。

（3）观察力

具有敏锐的观察力，才能及时捕捉到看起来微不足道的偶然事件。

（4）事业心

只有把自己的思想和行为与事业紧密相连的人，才有可能把机遇与发展事业、搞好工作联系起来。

头脑的准备，不仅是心理、意识的准备，而且还包括经验和知识的准备。因为处理机遇很难像处理一般事务那样有计划、有目的、有步骤，主要是凭自身的经验、知识的积累进行决策，因此你必须有丰富的经验、渊博的知识与合理的知识结构，这样，在机遇出现时，才能触类旁通，引起注意，努力思考，做出判断。

挑战自我，
多给自己一次机会

美西战争爆发时，美国总统必须马上与古巴的起义军将领加西亚取得联络。加西亚在古巴的大山里——没有人知道他的确切位置，可美国总统必须尽快得到他的协助。

有什么办法呢？

有人对总统说："如果有人能够找到加西亚的话，那么这个人一定是罗文。"于是总统把罗文找来，交给他一封写给加西亚将军的信。至于罗文中尉如何拿了信，用油纸袋包装好，上了封，放在胸口藏好；如何坐了四天的船到达古巴，再经过三个星期，徒步穿过这个危机四伏的岛国，终于把那封信送给加西亚——这些细节都不重要。

重要的是，美国总统把一封写给加西亚的信交给罗文，罗文接过信之后并没有问："他在什么地方？"

像罗文中尉这样的人，值得拥有一尊塑像，放在所有的大学里。太多人所需要的不仅仅是从书本上学来的知识，也不仅仅是聆听他人的一些教诲，而是要铸就一种精神：积极主动、全力以赴地完成任务——像"把信送给加西亚"一样。

阿尔伯特·哈伯德所写的《把信送给加西亚》一文首次发表在1899年,随后此文风靡整个世界。不仅是因为每一个领导都喜欢罗文这样的下属,更因为每一个人都从心底佩服罗文,佩服这个主动接受挑战的人。现代企业,迫切需要罗文,需要具有责任心和自动自发精神的好员工!而我们的人生,也同样渴望罗文精神。

彼得和查理一起进入一家快餐店,当上了服务员。他俩的年龄一样,也拿着同样的薪水,可是工作时间不长,彼得就得到了老板的褒奖,很快加薪,而查理仍然在原地踏步。面对查理和周围人的牢骚与不解,老板让他们站在一旁,看看彼得是如何完成工作的。在冷饮柜台前,顾客走过来要一杯麦乳混合饮料。

彼得微笑着对顾客说:"先生,你愿意在饮料中加入一个鸡蛋还是两个鸡蛋呢?"

顾客说:"哦,一个就够了。"

这样快餐店就多卖出一个鸡蛋。在麦乳饮料中加一个鸡蛋通常是要额外收钱的。

看完彼得的工作后,经理说道:"据我观察,我们大多数服务员是这样提问的:'先生,你愿意在饮料中加一个鸡蛋吗?'而这时顾客的回答通常是:'哦,不,谢谢。'对于一个能够在工作中主动解决问题、主动完善自我的员工,我没有理由不给他加薪。"

其实这个道理很简单:比别人多努力一些、多思考一些,就会拥有更多的机会。

对很多人来说,每天的工作可能是一种负担、一项不得不完成的任务,他们并没有做到工作所要求的那么多、那么好。对每一个企业和老板而言,他们需要的绝不是那种仅仅遵守纪律、循规蹈矩,却缺乏热情和责任感,不够积极主动、自动自发的人。

工作需要自动自发,而那些整天抱怨工作的人,是永远都不会"把信送给加西亚"的,他们或者出发前就胆怯了;或者遇到苦难而中途放弃;或者弄丢了这封重要的信,害怕惩罚而逃走;或者被敌人发现,背叛写信人。这样的人是非常狭隘的,他的人生又能有多广阔?

其实,我们每个人都可以把自己的目标当成一次"把信送给加西亚"的任务,这是一次挑战自己的机会,也是实现自我、突破自己的机会。

机遇没有彩排，
只有直播

许多人坐等机会，希望好运从天而降，这些人往往难成大事。成功者积极准备，一旦机会降临，便能牢牢地把握。机遇对于每个人来说，没有彩排，只有直播，如果没有把握住的话，只能等着自己出丑。

当机遇到来时，如果你没有提前为机会做好准备，就会将它习惯性地丢掉，与它失之交臂。生活中不是机遇少，只是我们对机遇视而不见。

这就和许多发明创造一样，看起来是偶然，其实那些发现和发明并非偶然得来的，更不是因为什么灵机一动或运气极佳。事实上，在大多数情形下，这些在常人看来纯属偶然的事件，不过是从事该项研究的人长期苦思冥想的结果。

人们常常引用"苹果砸在牛顿的脑袋上，导致他发现万有引力定律"这一例子，来说明所谓纯粹偶然事件在发现中的巨大作用。但人们却忽视了，多年来，牛顿一直在为重力问题苦苦思索、研究这一现象的艰辛过程。苹果落地这一常见的日常生活现象之所以为常人所不在意，而能激起牛顿对重力问题的理解，能激起他灵感的火花并进一步做出异常深刻的解释，就是因为牛顿对重力问题有深刻的理解。生活中，成千上万个苹果从树上掉下来，却很少有人能像牛顿那样发现伟大的定律。

人们总认为伟大的发明家研究一些伟大的事或奥秘，其实像牛顿以及其他许多科学家，他们都是研究一些极普通的现象。他们的过人之处在于能从这些人所共见的普遍现象中揭示其内在的、本质的联系，而这些都是凭着他们的全力以赴钻研得来的。只有这样为机遇做好了充分的准备，才能发现机遇，进而更好地抓住机遇。

所罗门说过："智者的眼睛长在头上，而愚者的眼睛是长在脊背上的。"心灵比眼睛看到的东西更多。有些人走上成功之路，不乏来自于偶然的机遇。然而就他们本身来说，他们确实具备了获得成功机遇的才能。

好运气更偏爱那些努力工作的人。没有充分的准备和大量的汗水，机会就会眼睁睁地从身边溜走。对于机遇，它意味着需要你忍受常人无法忍受的艰苦和穷困，以及献身工作的漫漫长夜，只有为从事的工作有充分的准备时，机会才会来临。

拿破仑·希尔说，任何人只要能够定下一个明确的目标，坚守这个目标，时时刻刻把这个目标记在心中，那么，必然会获得意想不到的结果。

在日常生活中，常常会发生各种各样的事，有些事使人大吃一惊，有些事却毫无惊人之处。一般而言，使人大吃一惊的事会使人倍加关注，而平淡无奇的事往往不被人注意，但它却可能包含着重要的意义。一个有敏锐洞察力的人，他会独具慧眼，留心周围小事的重要意义。人也不能把目光完全局限于小事上，而是要小中见大、见微知著，只有这样，才能有更多发现机遇的机会。

我们应当随时为机遇做好热身，努力向着自己的目标奋斗，为目标准备，才能够在机会来临的时候大显身手，否则在机会来临的时候自己手忙脚乱，或者不知所措，只能让机会白白地从身边溜走。人不能躺在那里等待机遇，只有事先做好充分的准备，在机遇来临时才有可能抓住机遇，取得成功。

躺着思想，
不如站起来行动

成功地将一个好主意付诸实践，比在家里空想出 1000 个好主意有价值得多。没有行动，再远大的目标只是目标，再完美的设想也仅仅是设想，要想使其变为现实，必须付出行动。

临渊羡鱼，不如退而结网。与其羡慕幻想，不如马上行动。有条件不做等于没有条件，没有条件可以在做的过程中创造条件。想法只有化作行动，才有达成愿望的可能，否则想法永远是想法。

从前有两个和尚，一个很有钱，每天过着舒舒服服的日子；另一个很穷，每天除了念经时间外，都得到外面去化缘，日子过得非常清苦。

有一天，穷和尚对有钱的和尚说："我很想去南海拜佛，求取佛经，你看如何？"

有钱的和尚说："路途那么遥远，你怎么去？"

穷和尚说："我只要一个钵、一个水瓶、两条腿就够了。"

有钱的和尚听了哈哈大笑,说:"我想去也想了好几年,一直没成行的原因就是旅费不够。我的条件比你好,我都去不成,你又怎么去得了?"

然而,过了一年,穷和尚从南海回来,还带了一本佛经送给了有钱的和尚。有钱的和尚看他果真实现了愿望,惭愧得面红耳赤,一句话也说不出来。

我们并不能在行动之前把所有可能遇到的问题通通消除,但是我们可以在行动中克服各种困难。

正因为有不少人总想着等到有100%把握了才行动,反而陷入了行动前的永远等待中。有的人甚至连一个小小的愿望都要等到所有条件满足后才开始行动。人不可能等到所有条件都成熟后再行动,如果是那样,恐怕也就错过最佳的时机了。

正因如此,很多人一辈子干不成一件事,永远处于等待中。只有那些想到就马上动起来的人,才是真正能改变现状的人。

美国成功学家格林在演讲时曾不止一次地对听众开玩笑说,全球最大的航空速递公司——联邦快递(FedEx)其实是他构想的。

格林没说假话,他的确曾有过这个主意。20世纪60年代,格林事业刚刚起步,在全美为公司做中介工作,每天都在为如何将文件在限定时间内送往其他城市而苦恼。

当时,格林曾经想到,如果有人开办一个能够将重要文件在24小时之内送到任何目的地的服务,该有多好!

这个想法在他脑海中停留了好几年，他也一直经常和人谈起这个构想，遗憾的是，他没有采取行动，直到一个名叫弗列德·史密斯的人（联邦快递的创始人）真的把它转换为实际行动。从而也导致格林与开创事业的大好机会擦身而过。

　　可见，行动才是最终起决定性的力量，无论你的计划多么详尽、语言多么动听，你不行动，就永远无法达到目标。人一生中，有着种种计划，若能够将一切憧憬都抓住，将一切计划都执行，那么，事业上所取得的成就将是多么伟大！

吃得苦中苦，
方为人上人

现在，很多人活得很累，过得也不快乐。其实，人只要生活在这个世界上，就会有很多烦恼。痛苦或是快乐，取决于你的内心。人不是战胜痛苦的强者，便是屈服于痛苦的弱者。再重的担子，笑着也是挑，哭着也是挑。再不顺的生活，微笑着撑过去了，就是胜利。

人生没有痛苦，就会不堪一击。正是因为有痛苦，所以成功才那么美丽动人；因为有灾患，所以欢乐才那么令人喜悦；因为有饥饿，所以佳肴才让人觉得那么甜美。正是因为有痛苦的存在，才能激发我们向上的力量，使我们的意志更加坚强。

瓜熟才能蒂落，水到才能渠成。和飞蛾一样，人的成长必须经历痛苦挣扎，直到双翅强壮后，才可以振翅高飞。

人生若没有苦难，我们会骄傲；没有挫折，成功后不再有喜悦，更得不到成就感；没有沧桑，我们也不会有同情心。因此，不要幻想生活总是那么圆满，生活的四季不可能只有春天。 每个人的一生都注定要跋涉沟沟坎坎，品尝苦涩与无奈，经历挫折和失意。 痛苦，是人生必须经历的一课。

因此，在漫长的人生旅途中，苦难并不可怕，受挫也无须忧伤。 只要心中的信念没有萎缩，你的人生旅途就不会中断。 艰难险阻是人生对你的另一种形式的馈赠，坑坑洼洼也是对你意志的磨炼和考验——大海如果缺少了汹涌的巨浪，就会失去其雄浑；沙漠如果缺少了狂舞的飞沙，就会失去其壮观；维纳斯如果没有断臂，那么就不会因为残缺美而闻名天下。 生活如果都是两点一线般地顺利，就会如白开水一样平淡无味。 只有酸甜苦辣咸五味俱全，才是生活的全部，只有悲喜哀痛七情六欲全部经历，才算是完整的人生……

所以，从现在开始，微笑着面对生活，不要抱怨生活给了你太多的磨难，不要抱怨生活中有太多的曲折，更不要抱怨生活中存在的不公。 当你走过世间的繁华与喧嚣，阅尽世事，就会明白：痛苦，是人生必须经历的过程！

敢于冒险的人生
有无限可能

苹果电脑公司是闻名世界的企业。大家只知乔布斯是苹果电脑创办人，其实30年前，他是与两位朋友一起创业的，其中一个叫惠恩的搭档，被人称为美国最没眼光的合伙人。

惠恩和乔布斯是街坊，大家都爱玩电脑，两人与另一朋友合作，制造微型电脑出售。这是又赚钱又好玩的生意，三个人十分投入，并且成功制造出"苹果一号"电脑。他们在筹备过程中用了很多钱。这三位青年来自中下阶层家庭，根本没有什么资本可言，大家四处借贷，请朋友帮忙，惠恩只筹得1/10的资本。不过，乔布斯没有怨言，仍成立了苹果电脑公司，惠恩也成为小股东，拥有1/10的股份。

"苹果一号"以660美元出售，原本以为只能卖出一二十台，岂料大受市场欢迎，总共售出150台，收入近10万美元，扣除成本及债务，赚了4.8万美元，惠恩只分得4800美元，但当时已是一笔丰厚的回报。不过，惠恩没有收到这笔红利，只是象征性地拿了500美元作为工资，甚至连那1/10

的股份也不要，就急于退出苹果电脑公司。

苹果电脑公司后来发展成超级企业，惠恩当年就算什么也不做，单单继续持有那1/10的股权，今时今日，应该有数十亿美元的身价。事实上，乔布斯的另一位搭档，也是凭股份成为亿万富翁的。

为什么惠恩当年愿意放弃一切？原来他很怕乔布斯，因为对方太有野心了。后来他向媒体说："我为什么要马上离开苹果公司，要回500美元就算了？因为我怕乔布斯太过激进，日后可能会令公司背负巨额债务，那时我也要替公司背负1/10的责任！"转念间，惠恩错过了苹果公司的高额回报。

其实人世间好多事情，只要敢做，多少都会有收获。尤其是在困境中，如果能拿出视死如归的勇气，必能化险为夷，任何困难都将迎刃而解。

勇气是人生的发动机，勇气能创造奇迹，勇气能战胜一切困难。试想，如果我们事事都能拿出破釜沉舟的勇气和决心，世间还有什么困难可言！

PART 06

狠下心，
把自己逼上巅峰

咬咬牙，
人生没有过不去的坎儿

很多时候，再多一点努力和坚持便可收获到意想不到的成功。以前做出的种种努力、付出的艰辛，便不会白费。令人感到遗憾和悲哀的是，面对一而再再而三的失败，多数人选择了放弃，没有再给自己一次机会。

乔治的父亲辛曾经是个拳击冠军，如今年老力衰，病卧在床。

有一天，父亲的精神状况不错，对他说了某次赛事的经过。

在一次拳击冠军对抗赛中，他遇到了一个人高马大的对手。因为他的个子相当矮小，一直无法反击，被对方击倒，连牙齿也被打出血了。

休息时，教练鼓励他说："辛，别怕，你一定能挺到第12局！"

听了教练的鼓励，他也说："我不怕，我应付得了！"

于是，在场上他跌倒了又爬起来，爬起来后又被打倒，虽然一直没有反攻的机会，但他却咬紧牙关坚持到第12局。

第12局眼看要结束了，对方打得手都发颤了，他发现这是最好的反攻时机。于是，他倾尽全力给对手一个反击，只见对手应声倒下，而他则挺过来了，那也是他拳击生涯中的第一枚金牌。

说话间，父亲额上全是汗珠，他紧握着乔治的手，吃力地笑着："不要紧，有一点点痛，我应付得了。"

在人生的海洋中航行，不会永远都一帆风顺，难免会遇到狂风暴雨的袭击。在巨浪滔天的困境中，我们更须坚定信念，随时赋予自己生活的动力，告诉自己"我应付得了"。当我们有了这份坚定的信念，困难便会在不知不觉中慢慢远离，生活自然会回到风和日丽的宁静与幸福中。唯有相信自己能克服一切困难的人，才能激发勇气，迎战人生的各种磨难，最后成就一番大业！记住，只要你有决心克服困难，就一定能走出人生的低谷。

卡耐基在被问及成功秘诀的时候说道："假使成功只有一个秘诀的话，那应该是坚持。"人生道路上的很多苦难和痛苦都是如此，只要熬过去了，挺住了，就没什么大不了的。

巴顿将军在第二次世界大战后的聚会上说起这么一段经历：当他从西点军校毕业后，入伍接受军事训练。团长在射击场告诉他：打靶的意义在于，哪怕你打偏了99颗子弹，只要有1颗子弹打中靶心，你就会享受到成功的喜悦。

对于实战经验不多的新兵来说，想要枪枪命中靶心是困难的，然而，当巴顿的靶位旁空子弹壳越来越多时，他已成了富有射击经验的老兵。

战争爆发后,巴顿将军奔波于各个战场,没有安稳感,他一度对生活产生了疑问,觉得自己像一架战争机器,不知道战争究竟要到何年何月才是尽头。

但这一切仅仅持续了不到7年。 期间,由于倔强刚烈的个性,各种挫折、失意一次次伤害过他,令他消沉,后来他才明白:它们只不过是那一大堆空子弹壳。

生活的意义并不在于你是否在经受挫折和磨炼,也不在于要经受多少挫折和磨炼,而是在于忍耐和坚持不懈。 经受挫折和磨炼是射击,瞄准成功的机会也是射击,但是只有经历了99颗子弹的铺垫,才有一枪击中靶心的结果。

只要坚持到底,就一定会成功,人生唯一的失败,就是当你选择放弃的时候。 因此,当处于困境的时候,你应该继续坚持下去,只要你所做的是对的,总有一天,成功的大门将为你而开。

查德威尔是第一个成功横渡英吉利海峡的女性,她没有满足,决定从卡塔林岛游到加利福尼亚。

旅程十分艰苦,冰凉刺骨的海水冻得查德威尔嘴唇发紫。 她快坚持不住了,可目的地还不知道有多远,连海岸线都看不到。

她越想越累,渐渐地感到自己的四肢如千斤沉重,自己一点儿劲都使不上了,于是对陪伴她的船上工作人员说:"我快不行了,拉我上船吧!"

"还有一海里就到了啊,再坚持一下吧。"

"我不信,怎么连海岸线都看不到啊! 快拉我上去!"

看她那么坚持,工作人员就把她拉上去了。

　　快艇飞快地往前开去,不到一分钟,加利福尼亚海岸线就出现在眼前了,因为大雾,只能在半海里范围内看得见。

　　查德威尔后悔莫及,居然离横渡成功只有一海里! 为什么不听别人的话,再坚持一下呢?

　　拿破仑曾经说过:"达到目标有两个途径——势力与毅力。 势力只有少数人拥有,而毅力则属于那些坚韧不拔的人,它的力量会随着时间的推移而至无可抵抗。"所以,无论我们处于什么样的困境,遭遇多大的痛苦,都应该激励自己:离成功只有一海里,只要熬过去就是胜利!

狠下心，
绝不为自己找借口

没有人与生俱来就会表现出能与不能，是你自己决定要以何种态度去对待问题。保持一颗积极、绝不轻易放弃的心去面对各种困境，而不要让借口成为你工作中的绊脚石。

世界上最容易办到的事是什么？很简单，就是找借口。狐狸吃不到葡萄，它就找出一个借口：葡萄是酸的。我们都讥笑狐狸，但我们又不自觉地为自己找借口。

在日常生活中，我们常听到这样一些借口：上班晚了，会有"路上堵车""闹钟坏了"的借口；考试不及格，会有"出题太偏""题目太难"的借口；做生意赔了本有借口；工作、学习落后了也有借口……只要用心去找，借口总是有的。

久而久之，就会形成这样一种局面：每个人都努力寻找借口来掩盖自己的过失，推卸自己本应承担的责任。于是，所有的过错，你都能找到借口来掩饰，借口让你丧失责任心和进取心，这对于你的生活和工作都是极其不利的。

年轻的亚历山大继承了马其顿的王位后，拥有广阔的土地和无数的臣民，可这并不能满足他的野心。一次，亚历山大因一场小型战争离开故乡，他的目光被一片肥沃的土地吸引，那里是波斯王国。于是，他指挥士兵向波斯大军发起了进攻，并在一场又一场战斗中打败了对手。随后陷落的是埃及。埃及人将亚历山大视为神一般的人物。卢克索神庙中的雕刻表明，亚历山大是埃及历史上第一位欧洲法老。为了抵达世界的尽头，他率领部队向东，进入一片未知的土地。20多岁的时候，他就已经击败了阿富汗的地区首领。接着，他又很快对印度半岛上的王侯展开了猛烈进攻……

在仅仅十多年的时间里，亚历山大就建立起了一个面积超过200万平方英里的帝国。因为他在任何情况下都不找借口，即使没有条件，他也毫不犹豫地去创造条件。

美国成功学家拿破仑·希尔说："如果你有自己系鞋带的能力，你就有上天摘星的机会！"让我们改变对借口的态度，把寻找借口的时间和精力用到努力工作中来。因为工作中没有借口，失败没有借口，成功也不属于那些找借口的人！

第二次世界大战时期的著名将领蒙哥马利元帅在他的回忆录《我所知道的二战》中讲了这样一个故事：

"我要提拔人的时候，常常把所有符合条件的候选人集合到一起，给他们提一个我想要他们解决的问题。我说：'伙计们，我要在仓库后面挖一条战壕，8英尺长，3英尺宽，6英寸深。'说完就宣布解散。我走进仓库，通过窗户观察他们。

"我看到军官们把锹和镐都放到仓库后面的地上，开始议论我为什么要他们挖这么浅的战壕。他们有的说 6 英寸还不够当火炮掩体，其他人争论说，这样的战壕太热或太冷。还有一些人抱怨他们是军官，这样的体力活应该是普通士兵的事。最后，有个人大声说道：'我们把战壕挖好后离开这里，那个老家伙想用它干什么，随他去吧！'"

最后，蒙哥马利写道："那个家伙得到了提拔，我必须挑选不找任何借口去完成任务的人。"

一万声叹息抵不上一个真正的开始。不怕晚开始，就怕不开始。没有第一步，就不会有万里长征；没有播种，就不会有收获；没有开始，就不会有进步。因此，千万不要找借口，再困难的事只要尝试去做，也比推辞不做强。

不经历风雨，
怎能见彩虹

在我们的生命中，有时候必须做出艰难的决定，然后才能获得重生。我们必须把旧的习惯、传统抛弃，才可以重新飞翔。只要我们愿意放下旧的包袱，愿意学习新的技能，就能发挥我们的潜能，创造新的未来。

乔·路易斯，世界十大拳王之一，可以说是历史上最成功的重量级拳击运动员，在长达12年的时间里，他曾经让25名拳手败在自己的拳下。

自从上学以后，乔伊·巴罗斯就成了同学嘲弄的对象。也难怪，放学后，别的18岁的男孩子进行篮球、棒球这些男子汉的运动，可乔伊却要去学小提琴！这都是因为巴罗斯太太望子成龙心切。20世纪初，黑人还很受歧视，母亲希望儿子能通过某种特长改变命运，所以从小就送乔伊去学琴。那时候，对于一个普通家庭来说，每周50美分的学费是个不小的开销，但老师说乔伊有天赋，乔伊的妈妈觉得为了孩子的将来省吃俭用也值得。

但同学们不明白这些,他们给乔伊取外号叫"娘娘腔"。一天乔伊实在忍无可忍,用小提琴狠狠砸向取笑他的家伙。一片混乱中,只听"咔嚓"一声,小提琴裂成两半儿——这可是妈妈节衣缩食给他买的。泪水在乔伊的眼眶里打转,周围的人一哄而散,边跑边叫:"娘娘腔,拨琴弦的小姑娘……"只有一个同学既没跑,也没笑,他叫瑟斯顿·麦金尼。

别看瑟斯顿长得比同龄人高大魁梧,一脸凶相,其实他是个热心肠的好人。虽然还在上学,瑟斯顿已经是底特律"金手套大赛"的卫冕冠军了。"你要想办法长出些肌肉来,这样他们才不敢欺负你。"他对沮丧的乔伊说。瑟斯顿不知道,他的这句话不但改变了乔伊的一生,甚至影响了美国一代人的观念。虽然日后瑟斯顿在拳坛没取得什么惊人的成就,但因为这句话,他的名字被载入拳击史册。

当时,瑟斯顿的想法很简单,就是带乔伊去体育馆练拳击。乔伊抱着支离破碎的小提琴跟瑟斯顿来到了体育馆。"我可以先把旧鞋和拳击手套借给你,"瑟斯顿说,"不过,你得先租个衣箱。"租衣箱一周要 50 美分,乔伊口袋里只有妈妈给他这周学琴的 50 美分,不过琴已经坏了,也不可能马上修好,更别说去上课了。乔伊狠狠心租下衣箱,把小提琴放了进去。

开始几天,瑟斯顿只教了乔伊几个简单的动作,让他反复练习。一个星期快结束时,瑟斯顿让乔伊到拳击台上来,试着跟他对打。没想到,才第三个回合,乔伊一个简单的直拳就把"金手套"瑟斯顿击倒了。爬起来后,瑟斯顿的第一句话就是:"小子,把你的琴扔了!"

乔伊没有扔掉小提琴,但他发现自己更喜欢拳击,每周50美分的小提琴课学费成了拳击课的学费,巴罗斯太太懊恼了一阵后,也只好听之任之。不久乔伊开始参加比赛,渐渐崭露头角。为了不让妈妈为他担心,乔伊悄悄把名字从"乔伊·巴罗斯"改成了"乔·路易斯"。

5年以后,乔已经成为重量级世界拳王。1938年,他击败了德国拳手施姆林,当时德国在纳粹统治之下,因此乔的胜利意义更加重大,他成了反法西斯者心中的英雄。但巴罗斯太太一直不知道人们说的那个黑人英雄就是自己"不成器"的儿子。

漫漫人生,难免会遇到荆棘和坎坷,但风雨过后,一定会有美丽的彩虹。任何时候都要抱乐观的心态,任何时候都不要丧失信心和希望。失败不是生活的全部,挫折只是人生的插曲。虽然机遇总是飘忽不定,但只要你坚持,只要你乐观,就永远有希望走向幸福。

从现在起,
感谢折磨你的人

人不能总停留在原地,而要努力向前。感谢折磨你的人,你将因此得到更迅猛的成长。

对于生活中的各种折磨,我们应时时心存感激。只有这样,纷繁芜杂的世界才会变得鲜活、温暖和动人。一朵美丽的花,如果你不能以一种美好的心情去欣赏它,它在你的心中和眼里也就永远娇艳妩媚不起来,而如同你的心情一般灰暗和没有生机。只有心存感激,我们才会把折磨放在背后,珍视他人的爱心,才会享受生活的美好,才会发现世界原本有很多温情。只有心存感激,我们才会热爱生活,珍惜生命,以平和的心态去努力地工作与学习,使自己成为一个有益于社会的人。心存感激,是一种人格的升华,是一种美好的人性。心存感激,我们的生活就会洋溢着更多的欢笑和阳光,世界在我们眼里就会更加美丽动人。从今天开始,感谢折磨你的人吧!正如网上流传的一首诗写的那样:

当我们拿花送给别人时,

首先闻到花香的是我们自己。
当我们抓起泥巴想抛向别人时,
首先弄脏的是我们自己的手。
一句温暖的话,
就像往别人的身上洒香水,
自己也会沾到两三滴,
因此,要时时心存好意,
脚走好路、身行好事、惜缘种福。
很多时候,
我们需要给自己的生命留下一点空隙,
就像两车之间的安全距离,
一点缓行的余地,
可以随时调整自己,进退有秩,
生活的空间,需要清理挪减而留出,
心灵的空间,则经思考领悟而拓展。
打桥牌时要把我们手中所握有的这副牌,
不论好坏,都要把它打到淋漓尽致。
人生亦然,重要的不是发生了什么事,
而是我们处理它的方法和态度,
假如我们转身面向阳光,就不可能陷身在阴影里。
光明使我们看见许多东西,
也使我们看不见许多东西,
假如没有黑夜,
我们便看不到天上闪亮的星辰。
因此,即便是曾经一度使我们难以承受的痛苦磨难,

也不是完全没有价值,
它可以使我们的意志更坚定,
思想人格更成熟。
因此,当困难与挫折到来,
应平静面对,乐观地处理,
不要在人我是非中彼此摩擦。
有些话语称起来不重,
但稍一不慎,
便会重重地坠到别人心上,
同时,也要训练自己,
不要轻易被别人的话扎伤、变心。
你不能决定生命的长度,但你可以控制它的宽度;
你不能左右天气,但你可以改变心情;
你不能改变容貌,但你可以展现笑容;
你不能控制他人,但你可以掌握自己;
你不能预知明天,但你可以利用今天;
你不能样样胜利,但你可以事事尽力。
凡事感激,感激伤害你的人,因为他磨炼了你的心志;
感谢欺骗你的人,因为他增进了你的智慧;
感谢中伤你的人,因为他砥砺了你的人格;
感谢鞭打你的人,因为他激发了你的斗志;
感谢遗弃你的人,因为他教导你该独立;
感谢绊倒你的人,因为他强化了你的双腿;
感谢斥责你的人,因为他提醒了你的缺点;
凡事感谢,学会感谢,感谢一切使你成长的人!

多一份磨砺，
多一份强大

每个人都有梦想，也曾为之而努力过、奋斗过，但是很多人却因为没有一颗坚强的心和持之以恒的毅力，只能给自己的人生留下深深的遗憾。所以，我们要想成就一番事业，要想实现自己的梦想和追求，就必须努力为自己打造一颗坚强的心。

一个农民，初中只读了两年，家里就没钱继续供他上学了。他辍学回家，帮父亲耕种三亩薄田。在他19岁时，父亲去世了，家庭的重担全部压在了他的肩上。他要照顾身体不好的母亲和瘫痪在床的祖母。

20世纪80年代，农田承包到户。他把一块水洼挖成池塘，想养鱼。但乡里的干部告诉他，水田不能养鱼，只能种庄稼，他只好又把水塘填平。这件事成了一个笑话——在别人的眼里，他是一个想发财但又非常愚蠢的人。

听说养鸡能赚钱，他向亲戚借了500元，养起了鸡。但是一场洪水后，鸡得了鸡瘟，几天内全部死光。500元对别人来说可能不算什么，但对一个只靠三亩薄田生活的家庭而言，不啻天文数字。母亲受不了这个刺激，竟然忧郁而死。

他后来酿过酒、捕过鱼，甚至还在石矿的悬崖上帮人打过炮眼……可都没赚到钱。

35岁的时候，他还没有娶到媳妇。即使是离异的有孩子的女人也看不上他，因为他只有一间土屋，土屋随时有可能在一场大雨后倒塌。娶不上老婆的男人，在农村是没有人看得起的。

但他还想搏一搏，就四处借钱买了一辆手扶拖拉机。不料，上路不到半个月，这辆拖拉机就载着他冲入一条河里。他断了一条腿，成了瘸子。而那辆拖拉机，被人捞起来后已经支离破碎，他只能拆开它，当作废铁卖掉。

几乎所有的人都说他这辈子完了。但是后来他却成了南方一家大公司的老板，手中有数亿元的资产。

现在，许多人知道了他苦难的过去和富有传奇色彩的创业经历。许多媒体采访过他，许多报告文学描述过他。其中一个访谈令人印象深刻：

记者问他："在苦难的日子里，你凭什么一次又一次毫不退缩？"

他坐在宽大豪华的办公桌后面，喝完了手里的一杯水。然后，他把玻璃杯子握在手里，反问记者："如果我松手，这只杯子会怎样？"

记者说："杯子摔在地上，肯定要碎了。"

"那我们试试看。"他说。

他手一松，杯子掉到地上发出清脆的声音，但并没有破碎，完好无损。

他说："即使有十个人在场，他们都会认为这只杯子必碎无疑。但是，这只杯子不是普通的玻璃杯，而是用玻璃钢制作的。我之所以能战胜苦难，就因为我有一颗坚强的心。"

这样的人，即使只有一口气，他也会努力去拉住成功的手。如果他不能成功，那么还有谁能成功呢？

不管通向成功的道路是阳光灿烂还是风雨兼程，我们都要始终保持一颗坚强的心，不得有半点的懈怠和屈服。阳光总在风雨后，经历了风风雨雨、大风大浪、坎坎坷坷之后，再回味自己来之不易的成功的时候，一定是人世间最幸福的时刻。

PMA 黄金定律：
能飞多高，由自己决定

PMA 黄金定律是积极心态的缩写——Positive Mental Attitude。它是成功学大师拿破仑·希尔数十年研究中最重要的发现，他认为造成人与人之间成功与失败的巨大反差，心态起了很大的作用。

拿破仑·希尔还认为，我们每个人都佩戴着隐形护身符，护身符的一面刻着 PMA（积极的心态），一面刻着 NMA（消极的心态，即 Negative Mental Attitude）。PMA 可以创造成功、快乐，使人到达辉煌的人生顶峰；而 NMA 则使人终生陷在悲观沮丧的谷底，即使爬到巅峰，也会被它拖下来。因为这个世界上没有任何人能够改变你，只有你能改变你自己；没有任何人能够打败你，能打败你的也只有你自己。

很多人都认为自己的境况归于外界的因素，认为是环境决定了他们的人生位置。但是，我们的境况不是周围环境造成的。说到底，如何看待人生，由我们自己决定。

纳粹集中营的一位幸存者维克托·弗兰克尔说："在任

何特定的环境中,人们还有一种最后的自由,就是选择自己的态度。"

只要人活在这个世界上,各种问题、矛盾和困难就不可避免,拥有积极心态的人能以乐观进取的精神去积极应对,而被消极心态支配的人则悲观颓废,他们在逃避问题和困难的同时也逃避了人生的责任。

拿破仑·希尔这样对PMA进行阐述:

1. 言行举止像自己希望成为的人

许多人总是要等到自己有了一种积极的感受再去付诸行动,这些人在本末倒置。心态是紧跟行动的,如果一个人从一种消极的心态开始,等待着感觉把自己带向行动,那他就永远成不了他想做的心态积极者。

2. 心怀必胜、积极的想法

谁想收获成功的人生,谁就要当个好"农民"。我们绝不能播下几粒积极乐观的种子,然后指望不劳而获。我们必须不断给这些种子浇水,给幼苗培土施肥。如果疏忽这些,消极心态的野草就会丛生,夺去土壤的养分,甚至让庄稼枯死。

3. 用美好的感觉、信心和目标去影响别人

随着你的行动与心态日渐积极,就会慢慢获得一种美满人生的感觉,信心日增,人生中的目标感也越来越强烈。紧接着,别人会被你吸引,因为人们总是喜欢和积极乐观者在

一起。

4. 使别人感到你很重要、被需要

每个人都有一种欲望,即感觉到自己的重要性,以及别人对他的需要与感激,这是普通人的自我意识的核心。如果你能满足别人心中的这一欲望,他们就会对自己,也对你抱有积极的态度,一种你好我好大家好的局面就形成了。

5. 心存感激

如果你常流泪,你就看不到星光,对人生、大自然的一切美好的东西,我们要心存感激,人生就会显得美好许多。

6. 学会称赞别人

在人与人的交往中,适当地赞美对方,会增加和谐、温暖和美好的感情。你存在的价值就会被肯定,使你得到一种成就感。

7. 学会微笑

面对一个微笑的人,你会感应到他的自信、友好,同时这种自信和友好也会感染你,使你的自信和友好也油然而生,使你和对方亲近起来。

8. 到处寻找最佳新观念

有些人认为,只有天才才会有好主意。事实上,要找到好主意,靠的还有态度,而不全是能力。一个思想开放、有创造性的人，哪里有好主意，就往哪里去。

9. 放弃鸡毛蒜皮的小事

有积极心态的人不把时间和精力花费在小事上，因为小事使他们偏离主要目标和重要事项。

10. 培养奉献的精神

曾任通用面粉公司董事长的哈里·布利斯曾这样忠告属下的推销员："谁尽力帮助其他人活得更愉快、潇洒，谁就达到了推销术的最高境界。"

11. 自信能做好想做的事

永远也不要消极地认定什么事情是不可能的，首先你要认为你能，再去尝试，不断尝试，最后你就会发现你确实能。

马尔比·D. 马布科克说："最常见同时也是代价最高昂的一个错误，是认为成功有赖于某种天才、魔力或某些我们不具备的东西。"其实并非如此，成功的要素其实掌握在我们自己的手中。

一个人能飞多高，由他的心态所决定。

当然，有了PMA并不能保证事事成功，但积极地运用PMA可以改善我们的日常生活。在PMA的帮助下，我们能够给自己创造一个阳光的心灵空间，走向成功之路。

把自己
逼上巅峰

把自己逼上巅峰，首先要给自己一片没有后路的悬崖，这样才能发挥出自己最大的能力。力挽狂澜的秘密就在于此。

中国有句成语叫"背水一战"，其意思是背靠江河作战，没有退路，我们常常用它来比喻决一死战。背水一战，其实就是把自己的后路斩断，以此将自己逼上巅峰。

韩信是汉王刘邦手下的大将，为了打败项羽，夺取天下，他为刘邦定计，先攻取了关中，然后东渡黄河，打败并俘虏了背叛刘邦、听命于项羽的魏王豹，接着韩信开始往东攻打赵王歇。

在攻打赵王时，韩信的部队要通过一道狭小的山口，叫井陉口。赵王手下的谋士李左车主张一面堵住井陉口，一面派兵抄小路切断汉军的辎重粮草，这样韩信少量的远征部队没有后援，就一定会败走。但大将陈余不听，仗着优势兵力，坚持要与汉军正面作战。韩信了解到这一情况，不免对战况有些担心，但同时心生一计。他命令部队在离井陉口30里的地方安营，到了半夜，让将士们吃些点心，告诉他们打了胜仗再吃饱饭。随后，他派出两千轻骑从小路隐蔽前进，要他们在赵军离开后迅速冲入赵军营地，换上汉军旗号；又派一万军队故意背靠河水排列阵势来引诱赵军。

到了天明，韩信率军发动进攻，双方展开激战。不一会儿，汉军假意败回水边阵地，赵军全部离开营地，前来追击。这时，韩信命令主力部队出击，背水结阵的士兵因为没有退路，也回身猛扑敌军。赵军无法取胜，正要回营，忽然营中已插遍了汉军旗帜，于是四散奔逃。汉军乘胜追击，以少胜多，打了一个大胜仗。

在庆祝胜利的时候，将领们问韩信："兵法上说，列阵可以背靠山，前面可以临水泽，现在您让我们背靠水排阵，还说打败赵军再饱饱地吃一顿，我们当时不信，然而最后竟然取胜了，这是一种什么策略呢？"

韩信笑着说："这也是兵法上有的策略，只是你们没有注意到罢了。兵法上不是说'陷之死地而后生，置之亡地而后存'吗？如果是有退路的地方，士兵都逃散了，怎么能让他们拼死一搏呢？"

所以在生活中，当我们遇到困难与绝境时，也应该如兵法中所说那样"置之死地而后生"，要有背水一战的勇气与决心，这样才能发挥自己最大的能力，将自己逼上生命的巅峰。

给自己一片没有退路的悬崖，把自己逼上巅峰，从某种意义上说，是给自己一个向生命高地冲锋的机会。如果我们想改变自己的现状,改变自己的命运,那么首先应该改变自己的心态。只要有背水一战的勇气与决心,一定能突破重重障碍,走出绝境。

所以我们要保持这样的心态,在使自己处于不断积极进取的状态时,就能形成自信、自爱、坚强等品质,这些品质可以让你的能力源源涌出。你若是想改变自己的处境,那么就要改变自己身心所处的状态,勇敢地向命运挑战。一旦你决心背水一战、拼死一搏,便可以把你蕴藏的无限潜能充分发挥出来,让自己创造奇迹,做出令人瞩目的成绩,登上命运的巅峰。

PART 07

不舍弃黑暗，
你就看不到阳光

聪明的人
懂得适时放手

我们都有过这样的经历：

亲戚送了一盒上等绿茶，舍不得喝，放了很久，却没想到保存不当，等拿出来喝时才发现受潮发霉了，只好万般不舍地扔掉。

朋友送了一件质地良好的风衣，却因为太喜爱而舍不得穿。等有一天愿意拿出来时，却发现自己的身体已由亭亭玉立变得臃肿，那件风衣竟然无法再穿上了。

朋友出差时送了一盒当地特产的糕点，舍不得吃，待下决心将它"消灭掉"时，却发现早已过了保质期。

……

同样的道理，在我们或长或短的一生中，很多东西也不能保存，而必须尽快享受。只有宽心的人，懂得适时松手的人，才能真正体会到生命的快乐。

下面这个小故事就说明了这个道理：

从前有个财主，他对自己地窖里珍藏的葡萄酒非常自豪——窖里保留着一坛只有他才知道的、某种特殊场合才能喝的陈酒。

州府的总督登门拜访。财主提醒自己："这坛酒不能仅仅为一个总督启封。"

地区主教来看他，他自忖道："不，不能开启那坛酒。他不懂这种酒的价值，酒香也飘不进他的鼻孔。"

王子来访，和他同进晚餐。但他想："区区一个王子喝这种酒过分奢侈了。"

甚至在他亲侄子结婚那天，他还对自己说："不行，接待这种客人，不能拿出这坛酒。"

一年又一年，财主死了。

下葬那天，那坛陈酒和其他酒一起被搬了出来，左邻右舍的邻居把酒通通喝光了。但谁也不知道这坛陈年老酒的久远历史。对他们来说，所有喝进肚子里的仅仅是酒而已。

在条件允许的情况下，我们应该尽量享受生活，没有必要像苦行僧似的，总是一味地苛待自己。懂得享受生活的人，比一般人更能感觉到生活的乐趣和人生的幸福。

想想你现在的追求，是否也是放弃了手中的一切，仅仅为了那坛普普通通的酒？

有的人喜欢贪图别人的财富，有的人明知道是自己的财富却选择了舍弃。贪图别人财富的人，必将在获得的同时付出更大的代价，而主动舍弃的人，却可能得到上苍加倍的馈赠。

保持一颗平常心，波澜不惊，生死不畏，于无声处听惊雷，超脱眼前得失，不受外在情感的纷扰，喜怒哀乐，收放自如，才能体会到"采菊东篱下，悠然见南山"的自在。

著名的钢琴大师鲁宾斯坦有一次送给朋友一盒上等雪茄，朋友表示要好好珍藏这一特别的礼物。"不，不要这样，你一定要享用它们，这种雪茄如人生一样，都是不能保存的，你要尽快享受它们。没有爱和不能享受人生，就没有快乐。"钢琴大师对朋友说。

钢琴大师的话寓含深奥的人生哲理，我们每个人都有必要读懂它、记住它、运用它。放手已有的东西，才能将新的东西握到手中。

今天的放弃，
是为了明天的得到

生活就是这样，很多时候鱼和熊掌不可兼得。这就要求我们要懂得放弃，因为有"舍"才会有"得"，美国大财团洛克菲勒家族用实际行动给我们诠释了这一智慧。

第二次世界大战的硝烟刚刚散尽，以美、英、法为首的战胜国首脑们几经磋商，决定在美国纽约成立一个协调处理世界事务的组织——联合国。一切准备就绪后，大家才发现，这个全球至高无上、最权威的世界性组织，竟没有自己的立足之地。

买一块地皮，刚刚成立的联合国机构还身无分文。让世界各国筹资，牌子刚刚挂起，就要向世界各国搞经济摊派，负面影响太大。况且刚刚经历了战争的浩劫，各国政府都国库空虚，许多国家财政赤字居高不下，在寸土寸金的纽约筹资买下一块地皮，并不是一件容易的事情。联合国对此一筹莫展。

听到这一消息后，美国著名的家族财团洛克菲勒家族经商议，果断出资 870 万美元，在纽约买下一块地皮，将这块地皮无条件地赠予了这个刚刚挂牌的国际性组织——联合国。同时，洛克菲勒家族亦将毗邻的这块地皮全部买下。

对洛克菲勒家族的这一出人意料之举，美国许多大财团都吃惊不已。870 万美元，对于战后经济萎靡的美国和全世界，都是一笔不小的数目，而洛克菲勒家族却将它拱手赠出，并且什么条件也没有。这条消息传出后，美国许多财团主和地产商都纷纷嘲笑说"这简直是蠢人之举"，并纷纷断言"这样经营不要十年，著名的洛克菲勒家族财团，便会沦落为著名的洛克菲勒家族贫民集团"！

但出人意料的是，联合国大楼刚刚建成完工，毗邻地价便立刻飙升起来，相当于捐赠款数十倍、近百倍的巨额财富源源不断地涌进了洛克菲勒家族。这种结局，令那些曾经讥讽和嘲笑过洛克菲勒家族捐赠之举的财团和商人们目瞪口呆。

这是典型的"因舍而得"的例子。如果洛克菲勒家族没有做出"舍"的举动，勇于牺牲和放弃眼前的利益，就不可能有"得"的结果。放弃和得到永远是辩证统一的。然而，现实中许多人却执着于"得"，常常忘记了"舍"。要知道，什么都想得到的人，最终可能会为物所累，导致一无所获。

生活就是如此，如果你不可能什么都得到的时候，那就应该学会舍弃，生活有时候会迫使你交出权力，不得不放走机会和恩惠。然而，舍弃并不意味着失去，因为只有舍弃才会有另一种获得。

与其抱残守缺，
不如断然放弃

我们常听到人们如此哀叹："要是……就好了！"这是一种明显的内疚、悔恨情绪，而我们每个人都会不时地发出这种哀叹。

悔恨不仅是对往事的关注，也是由于过去某件事产生的现时惰性。 如果你由于自己过去的某种行为而到现在都无法积极生活，那便成了一种消极的悔恨了。 吸取教训是一种健康有益的做法，也是我们每个人不断取得进步与发展的重要方法。 悔恨则是一种不健康的心理，它会白白浪费自己目前的精力。 实际上，仅靠悔恨是无法解决任何问题的。

爱默生经常以愉快的方式来结束每一天。 他告诫人们："时光一去不返，每天都应尽力做完该做的事。 疏忽和荒唐事在所难免，要尽快忘掉它们。 明天将是新的一天，应当重新开始，振作精神，不要使过去的错误成为未来的包袱。"

要成为一个快乐的人，重要的一点是学会将过去的错误、罪恶、过失通通忘记，努力向着未来的目标前进。

印度圣雄甘地在行驶的火车上，不小心把刚买的新鞋掉在车窗外一只，周围的人都为他惋惜。不料甘地立即把另一只鞋从窗口扔了出去，让人大吃一惊。甘地解释道："这一只鞋无论多么昂贵，对我来说也没有用了，如果有谁捡到一双鞋，说不定还能穿呢！"

显然，甘地的行为已有了价值判断：与其抱残守缺，不如断然放弃。我们都有过失去某种重要东西的经历，且大都在心里留下了阴影。究其原因，就是我们并没有调整心态去面对失去，没有从心理上承认失去，总是沉湎于对已经不存在的东西的怀念。事实上，与其为失去的东西懊恼，不如正视现实，换一个角度想问题：也许你失去的，正是他人应该得到的。

卡耐基先生有一次曾造访希西监狱，他对狱中的囚犯看起来竟然很快乐感到惊讶。监狱长罗兹告诉卡耐基：犯人刚入狱时都认命地服刑，尽可能快乐地生活。有一位花匠囚犯在监狱里一边种着蔬菜、花草，还一边轻哼着歌呢！他哼唱的歌词是：

事实已经注定，事实已沿着一定的路线前进，
痛苦、悲伤并不能改变既定的情势，
也不能删减其中任何一段情节，
当然，眼泪也无补于事，它无法使你创造奇迹。
那么，让我们停止流无用的眼泪吧！
既然谁也无力使时光倒转，不如抬头往前看。

生活中经常出现令人后悔的事情。许多事情做了后悔，不做也后悔；许多人遇到了后悔，错过了也后悔；许多话说

出来后悔，不说出来也后悔……人生没有回头路，也没有后悔药。 过去的已经过去，你再也无法重新设计。 一味地后悔，会让你错过未来的美好时光，给未来的生活增添阴影。

只要你心无挂碍，什么都看得开、放得下，何愁没有快乐的春莺在啼鸣，何愁没有快乐的泉溪在歌唱，何愁没有快乐的白云在飘荡，何愁没有快乐的鲜花在绽放！ 所以，放下就是快乐，不被过去所纠缠，这才是豁达的人生。

错过花朵，
你也许将收获浪漫

生活中有一种痛苦叫错过。人生中一些极美、极珍贵的东西，常常与我们失之交臂，这时，我们总会因为错过美好而感到遗憾和痛苦。其实喜欢一样东西不一定非要得到它，俗话说："得不到的东西永远是最好的。"当你为一份美好而心醉时，远远地欣赏它或许是最明智的选择，错过它或许还会给你带来意想不到的收获。

美国哈佛大学要在中国招一名学生，这名学生的所有费用由美国政府全额提供。初试结束了，有 30 名学生成为候选人。

考试结束后的第 10 天是面试的日子。30 名学生及其家长云集锦江饭店等待面试。当主考官劳伦斯·金出现在饭店的大厅时，一下子被大家围了起来，他们用流利的英语向他问候，有的甚至还迫不及待地向他做自我介绍。这时，只有一名学生，由于起身晚了一步，没来得及围上去，等他想接近主考官时，主考官的周围已经水泄不通了，根本没有插空而入的可能。

　　于是他错过了接近主考官的大好机会，他觉得自己也许已经错过了机会，于是有些懊恼。正在这时，他看见一个异国女人有些落寞地站在大厅一角，目光茫然地望着窗外，他想：身在异国的她是不是遇到了什么麻烦，不知自己能不能帮上忙。于是他走过去，彬彬有礼地和她打招呼，然后向她做了自我介绍，最后他问道："夫人，您有什么需要我帮忙的吗？"接下来两个人聊得非常投机。

　　后来这名学生被劳伦斯·金选中了，在30名候选人中，他的成绩并不是最好的，而且面试之前他错过了跟主考官套近乎、加深自己在主考官心目中印象的最佳机会，但是他却"无心插柳柳成荫"。原来，那位异国女子正是劳伦斯·金的夫人。

　　这件事曾经引起很多人的震动：原来错过了美丽，收获的并不一定是遗憾，有时甚至可能是圆满。

　　许多心情，可能只有经历过之后才会懂得，如感情，痛过了之后才会懂得如何保护自己，傻过了之后才会懂得适时的坚持与放弃。在得到与失去的过程中，我们慢慢地认识自己，其实生活并不需要这些无谓的执着，没有什么真的不能割舍的，学会放弃，生活会更轻松！

　　因此，在你感觉到人生处于最困顿的时刻，也不要为错过而惋惜。失去的折磨会带给你意想不到的收获。花朵虽美，但毕竟有凋谢的一天，请不要再对花朵长叹了，因为可能在接下来的时间里，你将收获细雨绵绵的浪漫。

勇于选择，
果断放弃

生活中，左右为难的情形会时常出现：比如面对两份同样具有诱惑力的工作，两个同样具有诱惑力的追求者。若过多地权衡，患得患失，到头来将两手空空，一无所得。我们不必为此感到悲伤，能抓住人生"一半"的美好已经很不容易。

两个朋友一同去参观动物园。动物园非常大，他们的时间有限，不可能看完所有动物。他们约定：不走回头路，每到一处路口，选择其中一个方向前进。

第一个路口出现在眼前时，路标上写着一侧通往狮子园，一侧通往老虎山。他们琢磨了一下，选择了狮子园，因为狮子是"草原之王"。又到一处路口，分别通向熊猫馆和孔雀馆，他们选择了熊猫馆，因为熊猫是"国宝"……

他们一边走，一边选择。每选择一次，就放弃一次，遗憾一次。

因为时间不等人，如不这样做他们的遗憾将会更多。只有迅速做出选择，才能减少遗憾，得到更多的收获。

面对选择和取舍时，必须要理性、睿智和远见卓识，不可鼠目寸光，不可急功近利，更不可本末倒置，因小失大。选择不是一锤子买卖，不能因为一粒芝麻丢了西瓜；不能因为留恋一棵小树而失去整片森林。

很多时候，我们总是想选择这个，却害怕错过那个，于是拿起来又放下，到最后一刻还在犹豫，这个会有这样的缺点，那个会有那样的不足，所以总迟迟下不了决心，或者选择之后，又来回地更改，在这样患得患失间耽搁了不少时间，浪费了不少精力。世界上没有一个十全十美的东西让你选择，每一样东西都会有它自身的缺点，所以，当你选择之后就大胆地往前走，而不是一步三回头。

而那些事业有成之士，总会在选择之后一直走下去。

鲁迅在拯救人的灵魂和人的身体之间选择，成为一代文豪；迈克尔·乔丹放弃了棒球运动员的梦想，成为世界篮坛上最耀眼的"飞人"球星；帕瓦罗蒂放弃了教师职业，成为名扬世界的歌坛巨星……

有些选项看似诱人，但如果不适合自己，就要果断舍弃。做出什么样的选择，要视自身条件和具体情况而定，要有主见，不能人云亦云。

人生的大多数时候，无论我们怎样审慎地选择，终归都不会尽善尽美，总会留有缺憾，但缺憾本身也是一种美。

社会大舞台上，每个人都是自己生活和生存方式的编导兼演员，只有学会正确地进行选择，果敢地做出舍弃，才能演绎出精彩的人生喜剧。

不舍弃鲜花的绚丽，
就得不到果实的香甜

社会发展的速度很快，诱惑随之增多，很多人在诱惑面前停下了自己的脚步。面对层出不穷的诱惑，很多人忘记了自己的方向，在旋涡中纠缠不止、平庸一生。

其实，人生的口袋只能装载有限的重量，人的前进行程就是一个不断舍弃的过程。没有舍弃，你就有可能被沉重的包袱滞留在前进的途中。

拉斐尔 11 岁那年，一有机会便去湖心岛钓鱼。在鲈鱼钓猎开禁前的一天傍晚，他和妈妈早早来钓鱼。装好诱饵后，他将渔线一次次甩向湖心，湖水在落日余晖下泛起一圈圈涟漪。

忽然，钓竿的另一头沉重起来。他知道一定有大家伙上钩，急忙收起渔线。终于，拉斐尔小心翼翼地把一条竭力挣扎的鱼拉出水面。好大的鱼啊！是一条鲈鱼。

月光下，鱼鳃一吐一纳地翕动着。妈妈打亮手电筒看看表，已是晚上 10 点——但距允许钓猎鲈鱼的时间还差两个小时。

"你得把它放回去,儿子。"母亲说。

"妈妈!"孩子哭了。

"还会有别的鱼的。"母亲安慰他。

"再没有这么大的鱼了。"孩子伤感不已。

他环视了四周,已看不到一条鱼艇或钓鱼的人,但他从母亲坚决的脸上知道无可更改。 暗夜中,那条鲈鱼抖动着笨重的身躯慢慢游向湖水深处,渐渐消失了。

这是很多年前的事了,后来拉斐尔成为纽约市著名的建筑师。 他确实没再钓到那么大的鱼,但他却为此终身感谢母亲。 因为他通过自己的诚实、勤奋、守法,猎取到生活中的大鱼——事业上成绩斐然。

自然界是美丽的,人生也是绚丽的。 在几十年的漫漫旅途中,有山有水,有风有雨,有舍弃"绚丽"和"温馨"的烦恼,也有获得"香甜"和"明艳"的喜悦,人生就是在舍弃和获得的交替中得到升华,从而到达新的境界。 从这个意义上来说,获得很美好,舍弃也很美丽。

有人说,人生之难胜过逆水行舟,此话不假,获得和舍弃的矛盾时刻困扰着我们,明白了舍弃之道和获得之法,并运用于生活,我们就能从无尽的困难中解脱出来,在人生的道路上进退自如,豁达大度。

明智的舍弃，
是一个人进取的前提

　　两个贫苦的樵夫靠着上山捡柴糊口。有一天，他们在山里发现两大包棉花。两人喜出望外，棉花的价格高过柴薪数倍，将这两包棉花卖掉，足可让家人一个月衣食无忧。于是两人各自背了一包棉花，便欲赶路回家。走着走着，其中一名樵夫眼尖，看到山路边有一大捆布，走近细看，竟是上等的细麻布，足足有十多匹。他欣喜之余，和同伴商量，一同放下肩负的棉花，改背麻布回家。同伴却有不同的想法，认为自己背着棉花已走了一大段路，到了这里才丢下棉花，岂不枉费自己先前的辛苦，坚持不愿换麻布。先前发现麻布的樵夫屡劝，同伴不听，他只得自己竭尽所能，将麻布背起继续前行。又走了一段路，背麻布的樵夫望见林中闪闪发光，待近前一看，地上竟然散落着数坛黄金，心想这下真的发财了，赶忙邀同伴放下肩头的棉花，改用挑柴的扁担来挑黄金。同伴仍是那套不愿丢下棉花以免枉费辛苦的想法，并且怀疑那些黄金不是真的，劝他不要白费力气，免得到头来一场空欢喜。发现黄金的樵夫只好自己挑了两坛黄金，和背棉花的伙伴相伴回家。

走到山下时，却奇怪地下了一场大雨，俩人在空旷处被淋了个湿透。更不幸的是，背棉花的樵夫肩上的大包棉花吸饱了雨水，重得已无法再背得动。樵夫不得已，只能丢下一路辛苦舍不得放弃的棉花，空着手和挑黄金的同伴回家了。

只有放弃眼前利益，才能获得长远利益——要想成功，就要学会放弃。为了更好的明天，放弃眼前的小利，只有勇于舍弃的人才是智慧的人。成功者永远是一群具备高瞻远瞩眼光的人。

两个不如意的年轻人，一起去拜望师父。"师父，我们在办公室被欺负，太痛苦了，求你开示，我们该不该辞掉工作。"师父闭着眼睛，半天才吐出五个字："不过一碗饭。"回到公司，一个人递上辞呈回家种田，另一个安然不动。日子真快，转眼十年过去了。回家种田的徒弟以现代方法经营，加上改良品种，居然成了农业专家；另一个留在公司的徒弟忍辱负重，努力学习，居然当了经理。

有一天，他们见面了。"奇怪，师父给我们同样'不过一碗饭'这五个字，我一听就懂了。不过一碗饭嘛，日子有什么难过的？何必待在公司？所以辞职！"农业专家问另一个人："你当时为何没听师父的话呢？""我听了啊，"经理笑道，"师父说'不过一碗饭'，我想不过为了混碗饭吃，老板说什么是什么，少赌气，少计较就成了，师父不是这个意思吗？"两个人又去拜望师父，师父已经很老了，仍然闭着眼睛，半天才回答他们的疑问："不过一念间。"

　　明智的舍弃，是一个人进取、发展的前提。 放弃是一种智慧，它不是毫无保留地向生活妥协，而是更深层面的进取。 人生之路，是一条选择的路，我们时刻需要选择，选择放弃什么，坚守什么，只有学会放弃，才能真正获得。